职业教育课程改革创新规划教材·精品课程系列

电子技术实训

刘海燕　主　编

杨海晶　鲍　敏　副主编

電子工業出版社

Publishing House of Electronics Industry

北京·BEIJING

内 容 简 介

本书是中等职业学校电子电器应用与维修、电子与信息技术和电子技术应用3个专业的一门取证实训教材。本教材符合教育部2009年颁发的《中等职业学校电子技术基础与技能教学大纲》要求。全书以“工作任务”为主线，创设了分压式偏置放大器的装调、稳压电源的装调、数字万用表的装调、超外差式收音机的装调4个学习情境，培养学生的实践动手能力。各任务之间是递进关系，遵循由浅入深的原则设计任务，在任务进行的过程中结合企业相关工艺要求，设计了相关设计文件和工艺文件，将职业技能考证的相关内容融入课程教学中。

本书内容丰富，结构合理，图文并茂，通俗易懂，便于教学和自学，既可作为中等职业学校专业实训教材，也可作为职业岗位培训教材及自学用书。

图书在版编目（CIP）数据

电子技术实训 / 刘海燕主编. —北京：电子工业出版社，2016.1
职业教育课程改革创新规划教材·精品课程系列
ISBN 978-7-121-27901-0

Ⅰ. ①电… Ⅱ. ①刘… Ⅲ. ①电子技术－中等专业学校－教材 Ⅳ. ①TN

中国版本图书馆CIP数据核字（2015）第307509号

策划编辑：张 帆
责任编辑：韩玉宏
印 刷：三河市华成印务有限公司
装 订：三河市华成印务有限公司
出版发行：电子工业出版社
北京市海淀区万寿路173信箱 邮编 100036
开 本：787×1 092 1/16 印张：9.75 字数：250千字
版 次：2016年1月第1版
印 次：2016年1月第1次印刷
印 数：4 000册 定价：22.00元

凡所购买电子工业出版社图书有缺损问题，请向购买书店调换。若书店售缺，请与本社发行部联系，联系及邮购电话：（010）88254888。

质量投诉请发邮件至zlts@phei.com.cn，盗版侵权举报请发邮件至dbqq@phei.com.cn。

服务热线：（010）88258888。

<<<<< PREFACE

《电子技术实训》一书是根据教育部2009年颁发的《中等职业学校电子技术基础与技能教学大纲》，并参照《电子行业特有工种国家职业标准（电子设备装接工）》初级、中级工人技术等级标准编制而成的。

本书解决了长期以来困扰着电子实训教学的“理论与实践相分离”的现状，形成了实践、理论一体化的项目式训练体系，对培养学生实践动手能力，创新、创业能力及综合素质等具有重要作用。本书具有如下特点。

1．本书是中等职业学校电子电器应用与维修、电子与信息技术和电子技术应用3个专业的一门取证实训教材。完成前两个学习情境的工作任务，可进行初级工考核，完成所有学习情境的工作任务，可进行中级工考核。

2．本书的任务是通过典型电子产品的装配，按照书中设置的工作过程实施，使学生具备较高的劳动素质，掌握上述 3 个专业的中级技术应用性人才所必需的电子产品检测与调试的基本技能，提高学生独立分析问题和解决问题的能力，训练学生的创新能力，为今后从事相关工作打下良好基础。

3．本书在内容设计方面突出体现职业能力本位，紧紧围绕完成工作任务的需要来选择课程内容；从任务与职业能力分析出发，设定职业能力培养目标；变书本知识的传授为动手能力的培养，打破传统的知识传授方式；以“工作任务”为主线，创设了分压式偏置放大器的装调、稳压电源的装调、数字万用表的装调、超外差式收音机的装调 4 个学习情境，培养学生的实践动手能力。各任务之间是递进关系，遵循由浅入深的原则设计任务，在任务进行的过程中结合企业相关工艺要求，设计了相关设计文件和工艺文件，将职业技能考证的相关内容融入课程教学中。

4．本书在文字表述上力求简明扼要、通俗易懂、直观形象，便于学生理解和接受。

本书可作为三年制中等职业学校专业实训教材，也可作为职业岗位培训教材，总学时为58学时，各部分的内容学时分配建议如下。

课时分配建议

学习情境	任务目标	参考学时
学习情境1 分压式偏置放大器的装调	能根据设计文件和工艺文件手工焊接简单功能单元并检测，安全用电，达到电子装接初级工水平	12
学习情境2 WY6-12V稳压电源的装调	能根据设计文件和工艺文件手工焊接简单功能单元，掌握整机装配、调试和检测技能，达到电子装接初级工水平	10

续表

学习情境	任务目标	参考学时
学习情境3 DT-830B数字万用表的装调	能根据整机装配文件编制装接工艺，掌握功能单元和整机装配、调试和检测技能，会制作线扎，达到电子装接中级工水平	18
学习情境4 DS05-7B型超外差式收音机的装调	能根据设计文件和工艺文件编制总装工艺，会选用电子装接工特殊工具，掌握功能单元和整机装配、调试、检测和维修技能，达到电子装接中级工水平	18
总学时		58

本书由江苏省泰兴中等专业学校刘海燕老师主编，参加编写的人员有杨海晶、鲍敏、阚海辉、殷美等，他们都在编写过程中付出了辛勤的劳动。

限于水平，书中难免出现不妥之处及错误，恳请各位专家、老师批评指正，以便我们进一步完善，不断提高。

编　者

<<<<< CONTENTS

第一部分　电子设备装接工初级工实训项目

第二部分　电子设备装接工中级工实训项目

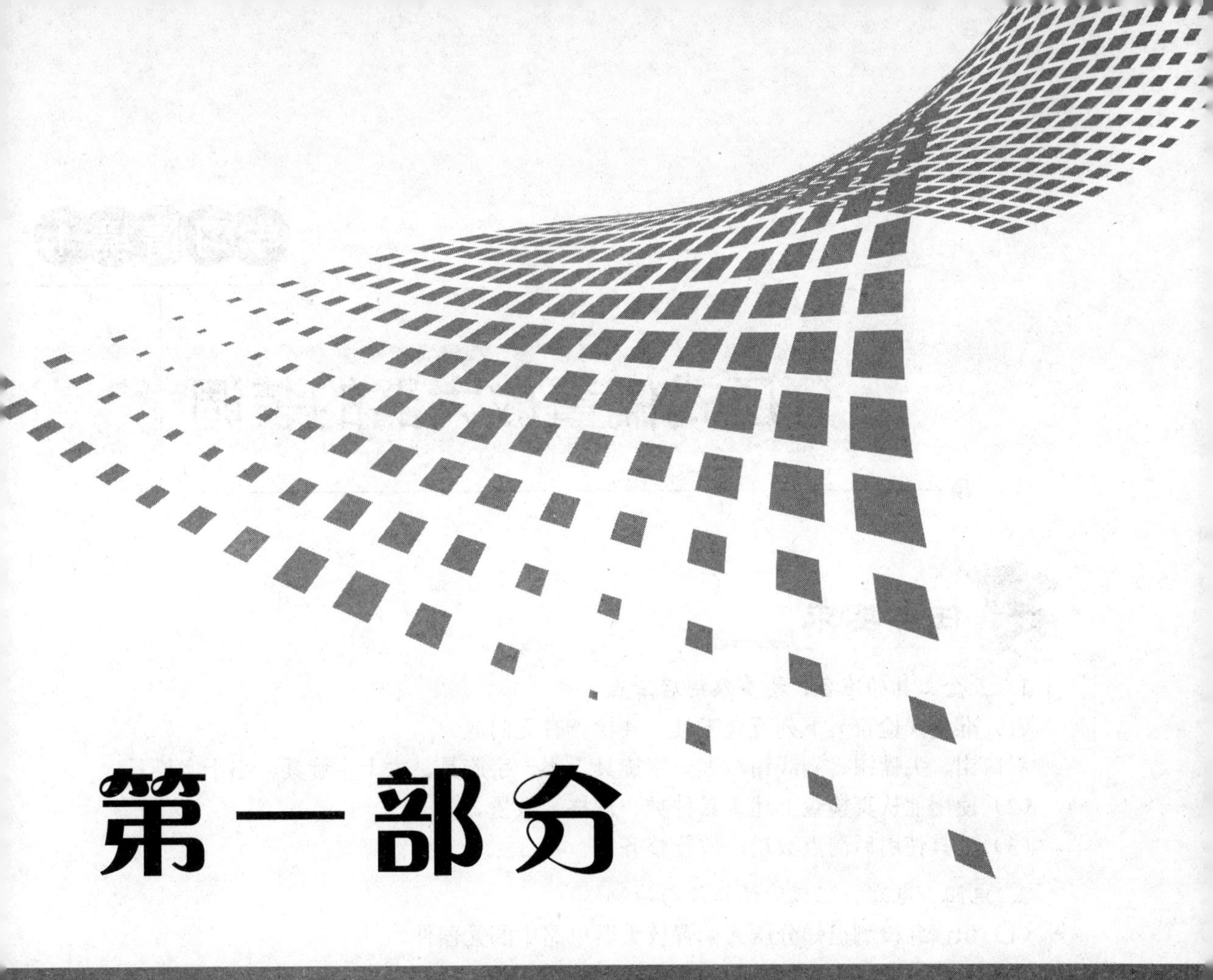

第一部分

电子设备装接工初级工实训项目

学习情境 1

分压式偏置放大器的装调

任务要求

1. 五金工具的准备、检查及用后清点

（1）准备（检查）下列五金工具，并检查有无问题。

斜口钳、尖嘴钳、剥线钳、大一字旋具、小一字旋具、大十字旋具、小十字旋具。

（2）使用前认真检查上述工具种类、规格、数量。

（3）工具使用后清点数量，放置整齐。

2. 电阻、电容、三极管的识读与检测

（1）识读并检测已知分压式偏置放大器电路中的元器件。

（2）正确填写表 1.1、表 1.2 和表 1.3。

表 1.1 识读并检测电阻记录表

标　　号	电阻色环颜色	标称阻值、偏差	万用表测量值
R_{b1}			
R_{b2}			
R_c			
R_e			
R_L			

表 1.2 识读并检测电容记录表

标　　号	电 容 类 型	电　容　量	实测电容量
C_1			
C_2			
C_e			

表 1.3 识读并检测三极管记录表

标　　号	三极管类型	三极管引脚	三极管质量
VT			

3. 安装分压式偏置放大器电路

（1）清点元器件规格、数量，用万用表逐个测量其数值和功能。

（2）对元器件引脚清除氧化层，大弯成形。

（3）按提供的分压式偏置放大器电路原理图（如图 1.1 所示）在印制电路板（试验板）上插装并焊接元器件，要求无漏焊、连焊、虚焊，焊点光滑、无毛刺、干净。

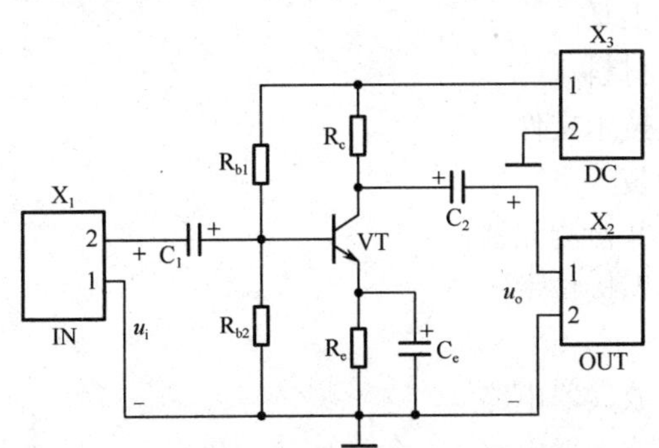

图 1.1 分压式偏置放大器电路原理图

4. 检测分压式偏置放大器电路简单功能单元

（1）将分压式偏置放大器电路简单功能单元基板接电源，通电检测。

（2）根据分压式偏置放大器检测电路图（如图 1.2 所示）将测量结果填入表 1.4 和表 1.5。

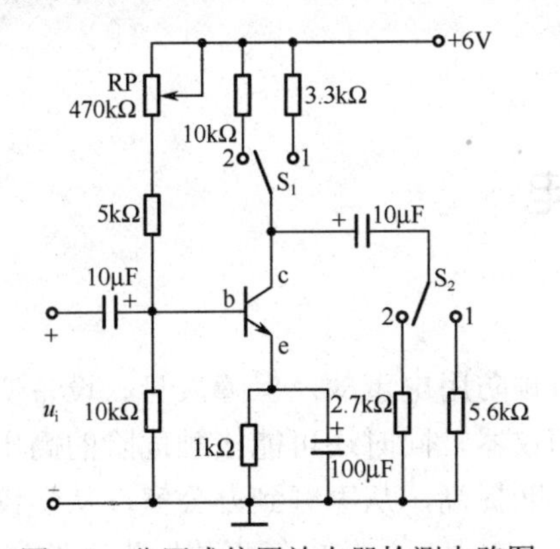

图 1.2 分压式偏置放大器检测电路图

表 1.4 电路静态工作点测量记录表

I_{BQ}（mA）	I_{CQ}（mA）	U_{BEQ}（V）	U_{CEQ}（V）

表 1.5 电路电压放大倍数测量记录表

测量条件 / 测量结果 / 测量内容	R_c=3.3kΩ，R_L=5.6kΩ	R_c=10kΩ，R_L=5.6kΩ	R_c=3.3kΩ，R_L=2.7kΩ
U_i（mV）			
U_o（mV）			
A_u			

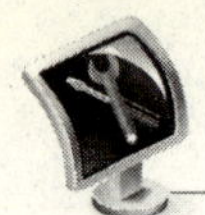

任务分解

任务实施

1.1 工艺准备

任务 1.1.1 安全用电

(一)用电安全技术

安全用电知识是关于如何预防用电事故及保障人身、设备安全的知识。在电子设备的装配调试中，要使用各种工具和仪器，同时还可能接触危险的高压电。而且，随着国民经济各行各业电气化、自动化水平不断提高，从家庭到办公室，从学校到工矿企业，几乎没有不用电的场所。因此，普及安全用电知识，预防电气事故发生，做到安全用电是十分必要的。

常见的保护措施有接地保护、接零保护、漏电保护开关、过压保护、温度保护、过流保护等。图 1.3 所示为变压器中性点不接地系统的接地保护示意图。图 1.4 所示为变压器中性点接地系统的接零保护示意图。另外，随着信息技术的飞速发展，传感器技术、计算机技术及自动化技术的日趋完善，综合性智能保护成为可能。

实践证明，采用用电安全技术可以有效预防电气事故发生。因此，我们需要了解并正确运用用电安全技术，不断提高安全用电的水平。

(二)电对人体的伤害

(1) 发生触电事故后，人所受到的伤害分为电击和电伤两种类型。电击是电流通过人体内部，影响呼吸、心脏和神经系统，造成人体内部组织损伤乃至死亡的危害；电伤是指电流的热效应、化学效应或机械效应等对人体造成的危害。

（2）触电危险程度与电流大小、交直流危险程度、电流作用时间、电流的途径和人体电阻5个因素有关。

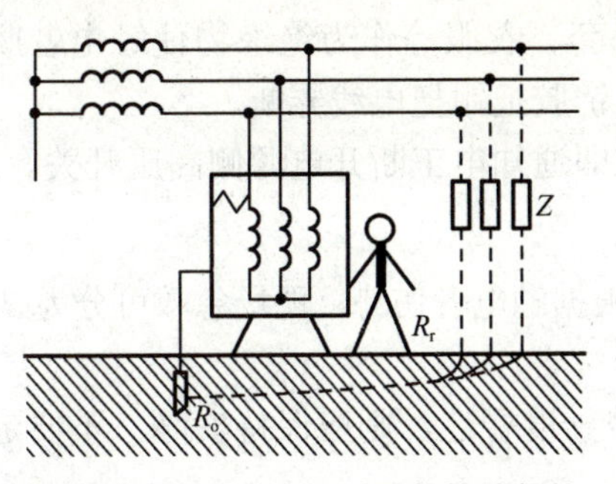

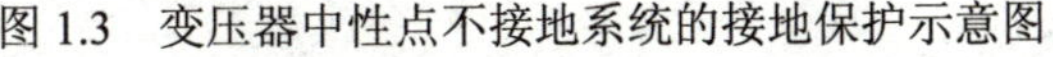

图1.3　变压器中性点不接地系统的接地保护示意图

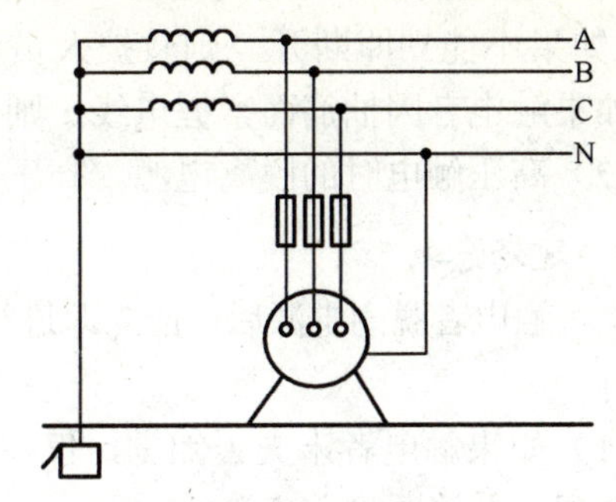

图1.4　变压器中性点接地系统的接零保护示意图

（三）触电原因

人体触电的主要原因有单极接触、双极接触、静电接触和跨步电压。

（1）单极接触：人体接触电气设备的一相电源导致触电，如图1.5所示。

（2）双极接触：人体同时接触电气设备的任何两相电源而触电，触电电压为线电压，如图1.6所示。

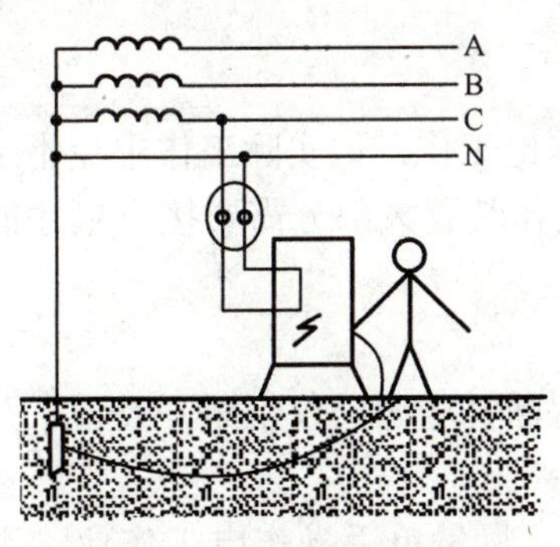

图1.5　单极接触示意图

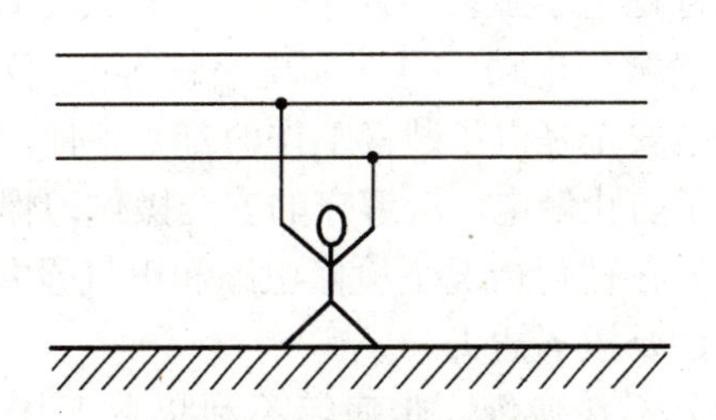

图1.6　双极接触示意图

（3）静电接触：在检修电气设备或科研工作中，有时电气设备已断开电源，但在接触设备某些部分时发生触电，这样的现象是静电电击。静电电击是由于静电放电时产生的瞬间冲击电流通过人体部位造成的伤害。

（4）跨步电压：在故障设备附近，如电线断落在地上，在接地点周围存在电场，当人走进这一区域时，将因跨步电压而使人触电，如图1.7所示。

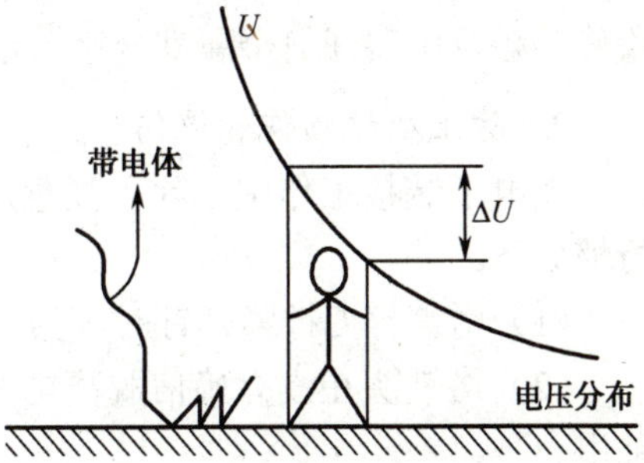

图1.7　跨步电压触电示意图

（四）触电急救

人体触电以后，会出现神经麻痹、呼吸中断、心脏停止跳动等现象，应迅速进行正确的急救。

1. 脱离电源

人体触电后，由于产生痉挛和失去知觉而抓住带电体不能解脱，因此正确的触电紧急救护工作，是使触电者尽快地脱离电源，切勿直接碰触触电者。

（1）低压触电时的脱离电源。低压触电时，应立即断开近处的电源开关（或拔去电源插头）。如果不能立即断开，则救护人员可用干燥的手套、衣服等作为绝缘物使触电者脱离电源。如果触电者因抽筋而紧握电线，则可用木柄斧、铲胶把钳把电线弄断。

（2）高压触电时的脱离电源。高压触电时，应立即通知电工断开电源侧高压开关。

2. 现场急救

在将触电者脱离电源后，应立即进行现场急救。根据触电者伤势，现场急救可分为 3 种情况进行。

（1）如果触电者未失去知觉，仅在触电过程中曾一度昏迷，则应保持安静，不要走动，严密观察，并请医生前来诊治。

（2）如果触电者虽已失去知觉，但呼吸尚存，心跳正常，则应使触电者舒适、安静地平卧，使周围空气流通，并解开衣服钮扣和腰带，以利于呼吸。若天气寒冷，则应注意保温，让其休息一段时间，慢慢恢复正常。必要时也可使其闻闻氨气、掐人中，令其苏醒。

（3）人体触电后，禁止使用强心针，而应在现场充分使用口对口人工呼吸或胸外心脏挤压等方法抢救。

（五）安全操作习惯

1. 用电安全

尽管在电子工艺实训中，电子装接工作通常称为弱电工作，但实际工作中免不了接触强电。一般常用电动工具（如电烙铁等）、仪器设备和制作装置大部分需要接市电才能工作，因此用电安全是电子装接工作的首要条件。

为了防止触电，应遵守的安全操作习惯如下。

（1）在任何情况下检修电路和电气设备时都要确保断开电源，仅仅断开设备上开关是不够的，还要拔下插头。

（2）不在疲倦、带病等不利状态下从事电工作业，尽量单手操作电工作业，不要湿手开、关、插、拔电气设备。

（3）遇到不明情况的电线，先认为它是带电的。遇到较大体积的电容，先放电，再进行检修。触及电路任何金属部分之前都应进行安全测试。

2. 防止机械损伤和烫伤

在电子装接工作中，除了注意用电安全外，还要防止机械损伤和烫伤，相应的安全操作习惯如下。

（1）用螺丝刀拧紧螺钉时，另一只手不要握在螺丝刀刀口方向。

（2）烙铁头在没有确信脱离电源时，不能用手接触，以免烫伤。烙铁头上多余的锡不要乱甩。

（3）在通电状态下不要触及发热电子元器件（如变压器、功率器件、电阻、散热片等），以免烫伤。

（六）设备安全知识

按国家标准，设备都应在醒目处有该设备要求的电源电压、频率及电源容量的铭牌和标志；小型设备的说明也可能在说明书中。在设备接电前，应检查环境电源，检查电压、容量是否与设备吻合；应检查设备本身，检查电源线是否完好及外壳是否可能带电，一般用万用表进行检查。

任务 1.1.2　准备工具

（一）斜口钳

斜口钳如图 1.8 所示，又称断线钳、扁嘴钳或剪线钳。钳柄有铁柄、管柄和绝缘柄 3 种。电工用带绝缘柄的斜口钳，其绝缘柄耐压为 500V。斜口钳主要用于剪断较粗的电线、金属丝及导线电缆。

（二）尖嘴钳

尖嘴钳如图 1.9 所示，其头部尖细，适用于在狭小的工作空间操作。钳柄有铁柄和绝缘柄两种。电工使用的是带绝缘手柄的一种，绝缘柄耐压为 500V。尖嘴钳按其全长分为 130mm、160mm、180mm、200mm 四种。尖嘴钳主要用于切断和弯曲细小的导线、金属丝，夹持小螺钉、垫圈及导线等，还能将导线端头弯曲成所需的各种形状。

图 1.8　斜口钳实物图

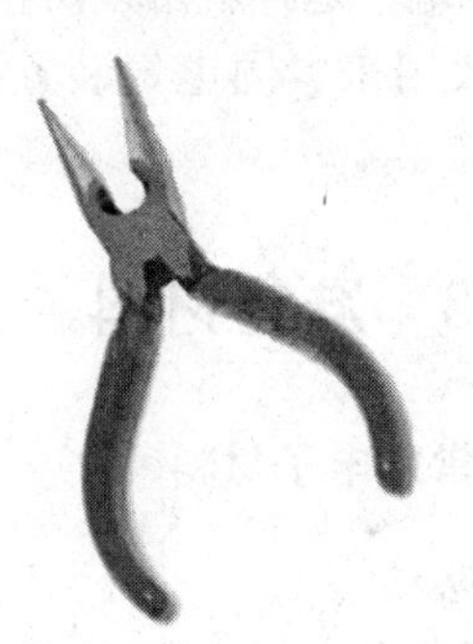

图 1.9　尖嘴钳实物图

（三）剥线钳

剥线钳如图 1.10、图 1.11 所示，是用来剥削小直径导线绝缘层的专用工具，一般绝缘手柄耐压为 500V。图 1.12 所示为 5 英寸剥线钳。

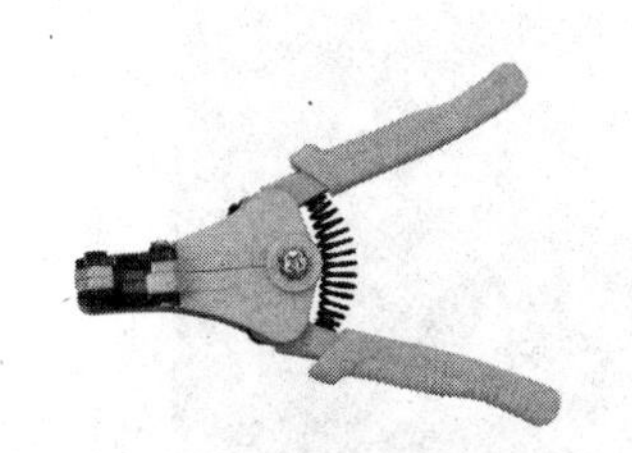

图 1.10　自动剥线钳实物图

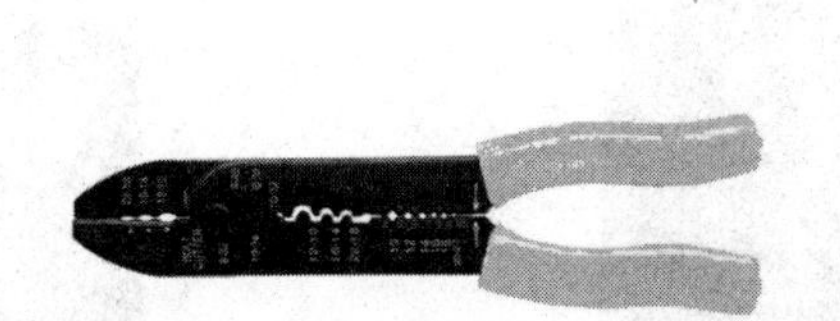

图 1.11　电缆剥线钳实物图

图 1.12　5 英寸剥线钳实物图

（四）常用旋具

常用的旋具是起子，又称改锥、螺丝刀、解刀，它用来紧固或拆卸螺钉。旋具的种类有很多，按头部形状分为一字形旋具和十字形旋具。

（1）一字形旋具如图 1.13 所示，其规格用柄部以外的长度表示，常用的有 50mm、100mm、150mm、200mm、300mm、400mm 等，电工必备的是 50mm 和 150mm 两种。

（2）十字形旋具如图 1.14 所示，又称梅花起子，常用的规格有 4 种，Ⅰ号适用于螺钉直径为 2～2.5mm，Ⅱ号为 3～5mm，Ⅲ号为 6～8mm，Ⅳ号为 10～12mm。还有一些小号的螺丝刀适用于拆卸其他一些小型元器件。

图 1.13　一字形旋具实物图

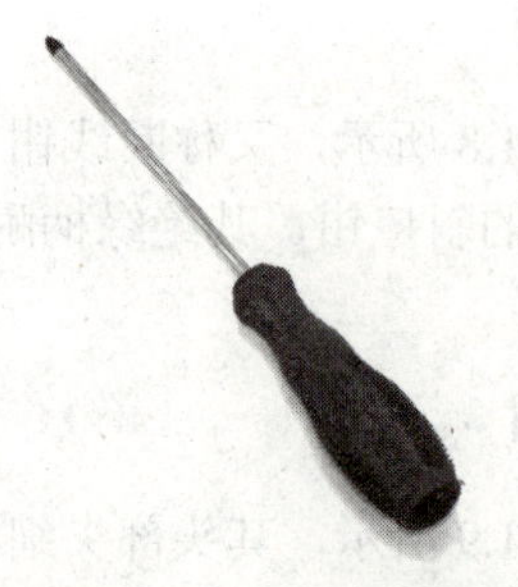

图 1.14　十字形旋具实物图

大旋具一般用来紧固较大的螺钉。使用时，除大拇指、食指和中指要夹住握柄外，手掌还要顶住柄的末端，这样就可以防止旋具转动时滑脱。

小旋具一般用来紧固电气装置接线柱头上的小螺钉，使用时，可用手指顶住柄的末端捻转。

任务 1.1.3　准备材料

（一）备齐常用电子材料

1. 印制电路板

印制电路板简称 PCB（Printed Circuit Board）。印制电路板在各种电子设备中有如下功能：提供集成电路等各种电子元器件固定、装配的机械支撑；实现集成电路等各种电子元器件之间的布线和电气连接（信号传输）或电绝缘；提供所要求的电气特性，如特性阻抗等；为自动装配提供阻焊图形；为元器件插装、检查、维修提供识别字符和图形。

分压式偏置放大器电路的印制电路板如图 1.15、图 1.16 所示。

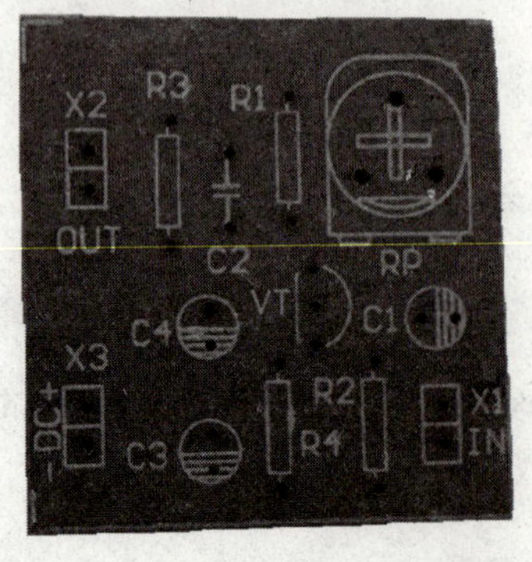

图 1.15　印制电路板正面（元器件面）

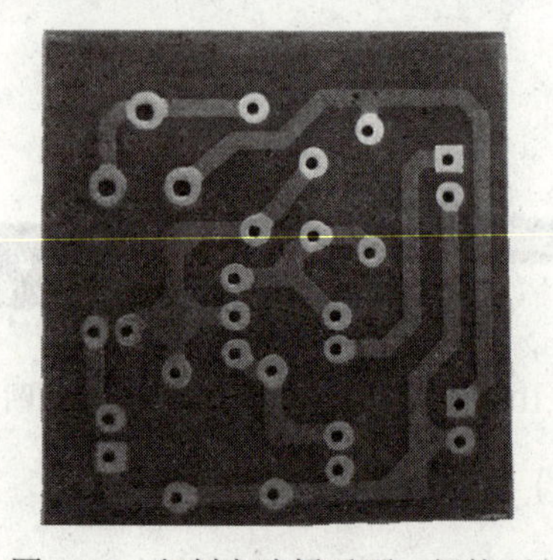

图 1.16　印制电路板反面（焊接面）

2. 焊接材料

（1）焊料：共晶焊锡用于电子线路焊接，其特点为熔点最低、熔点与凝固点一致、流动性好、导电性好、机械强度高。焊锡丝如图 1.17 所示。要求焊锡丝直径略小于焊盘。焊料与助焊剂含量比例如图 1.18 所示。

（2）焊剂（助焊剂）：用以清除被焊金属表面的氧化膜、保证焊锡浸润的一种化学剂。实习用助焊剂为松香，如图 1.19 所示。值得注意的是，松香反复加热会导致碳化（发黑）失效。

图 1.17 焊锡丝实物图

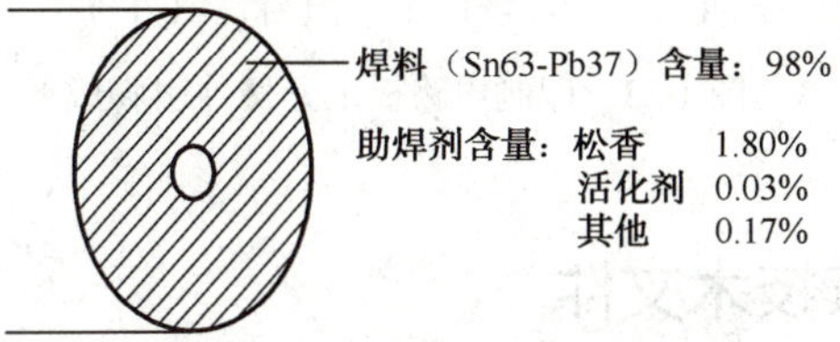

焊料（Sn63-Pb37）含量：98%

助焊剂含量：松香 1.80%
活化剂 0.03%
其他 0.17%

图 1.18 焊料与助焊剂含量比例

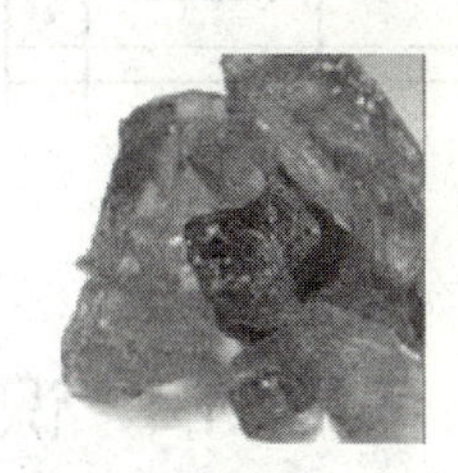

图 1.19 助焊剂（松香）

（二）制作短连线

（1）去氧化层：用沙皮除去导线表面的氧化层，提高引线的可焊性。

（2）搪锡：用电烙铁加热短连线，在接触处加上焊锡丝，烙铁头带动熔化的焊锡往复移动的过程。

（3）成形：用尖嘴钳或镊子对短连线进行成形加工。

（三）备齐合格的电子元器件

1. 元器件分类

将元器件根据工艺要求进行分类，做好必要的记号，放入容器中。在大批量的生产中，按照流水作业的组装工序进行分类。

2. 元器件的质量检查

（1）外观检查：检查元器件的规格、型号、出厂日期是否符合整机技术的条件要求。

（2）元器件的筛选和老化：剔除因某种缺陷而导致早期失效的元器件。

（四）加工电子元器件的引脚

（1）清除氧化层：用细砂纸轻轻打磨，直到露出光亮的铜箔面，如图 1.20 所示。

（2）搪锡：要在光亮的铜箔面上涂一层松香水（松香粉末与酒精配制的），搪锡方法如图 1.21、图 1.22 所示。

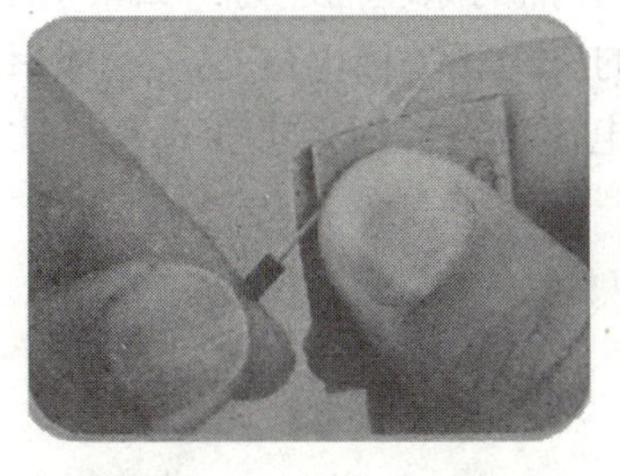

图 1.20 清除氧化层

图 1.21 搪锡方法 1

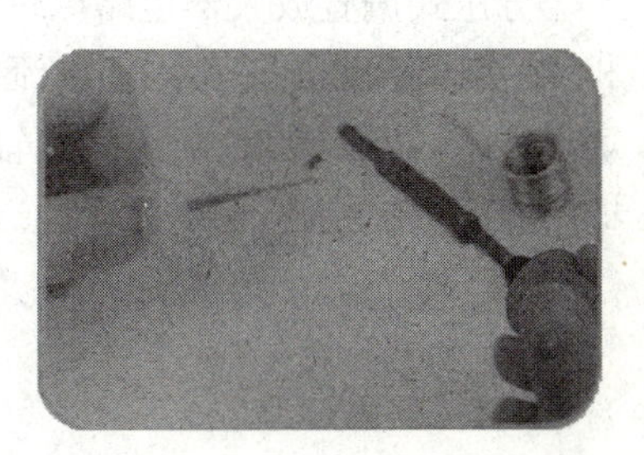

图 1.22 搪锡方法 2

（3）元器件引脚成形：引脚成形的尺寸应符合安装要求，如图 1.23 所示。引脚成形后的元器件应放在专用的容器中保存，元器件的型号、规格和标志应向上。

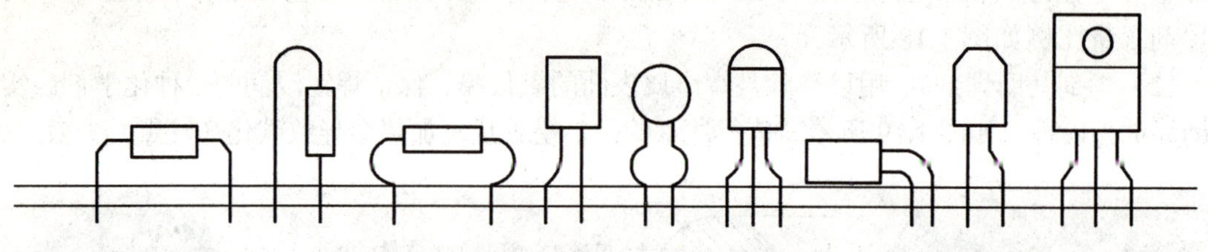

图 1.23　印制电路板上元器件引脚成形

任务 1.1.4　识读技术文件

（一）识读设计文件

1. 原理框图

所谓“放大”，是指放大电路（放大器）特定的性能，它能够将微弱的电信号（电压或电流）转变为较强的电信号，如图 1.24 所示。“放大”的实质是以微弱的电信号控制放大电路的工作，将电源的能量转变为与微弱信号相对应的较大能量的强信号，起到一种“以弱控强”的作用。

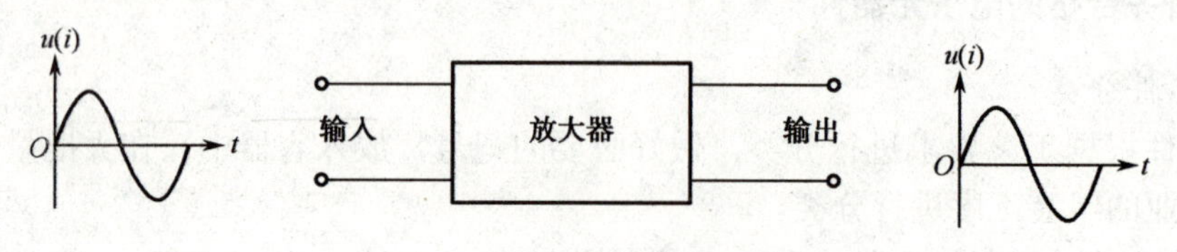

图 1.24　放大器的原理框图

2. 电路原理图

放大电路静态工作点的设置会影响三极管的工作状态。即使设置了合适的静态工作点，还希望它在工作时能够稳定。但是，由于半导体器件参数的离散性较大，而且容易受温度的影响，所以在更换器件或环境温度变化时，都会造成原来的静态工作点变化，从而影响放大电路的工作。因此，需要在电路结构上采取一些措施来稳定静态工作点。应用最广泛的稳定静态工作点的电路就是分压式偏置放大电路。

分压式偏置放大器电路原理图如图 1.1 所示。其稳定静态工作点的原理描述为：如果 R_{b1} 和 R_{b2} 取值合适，使流过的电流大于 I_{BQ}，则由 R_{b1} 和 R_{b2} 分压的三极管基极电位 U_{BQ} 近似恒定不变，而发射极电位 $U_{EQ}=U_{BQ}-U_{BEQ}$ 也近似不变，则集电极电流也近似恒定不变，从而实现电路静态工作点的稳定。

3. 装配图

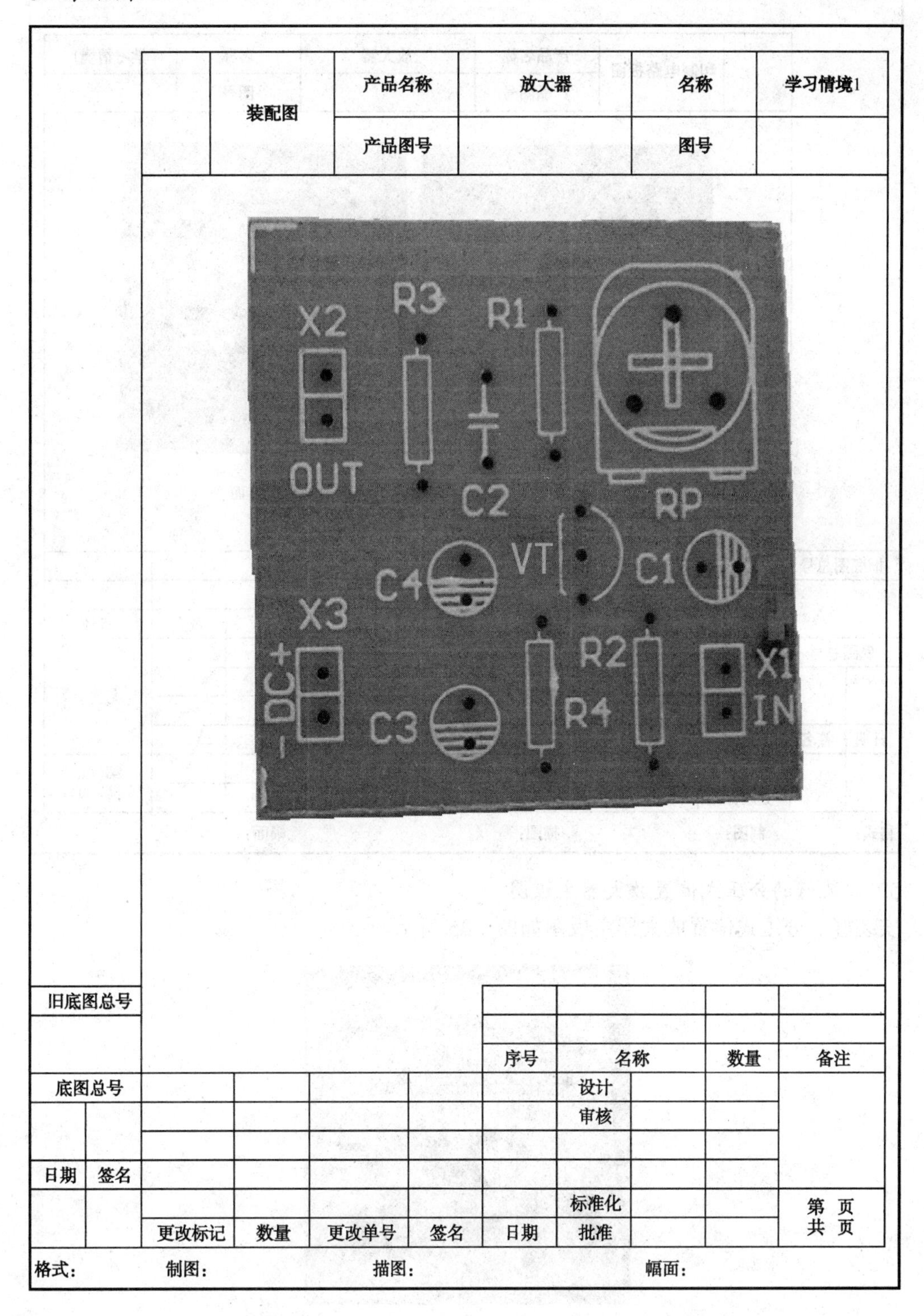

	装配图	产品名称	放大器	名称	学习情境1
		产品图号		图号	

旧底图总号									
						序号	名称	数量	备注
底图总号							设计		
							审核		
日期	签名								
							标准化		第 页
		更改标记	数量	更改单号	签名	日期	批准		共 页

格式： 制图： 描图： 幅面：

4. 印制电路板图

	印制电路板图	产品名称	放大器	名称	学习情境1
		产品图号		图号	

元器件面　　焊接面

旧底图总号										
						序号	名称		数量	备注
底图总号							设计			
							审核			
日期	签名									
							标准化			第　页 共　页
		更改标记	数量	更改单号	签名	日期	批准			

格式：　　制图：　　描图：　　幅面：

5. 安装好的分压式偏置放大器主板图

安装好的分压式偏置放大器主板图如图1.25所示。

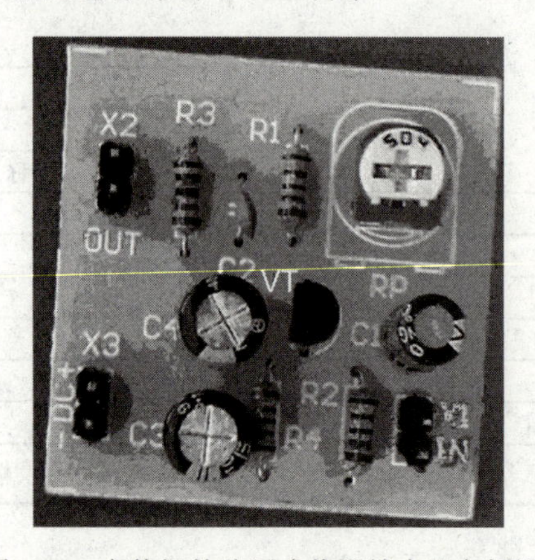

图1.25　安装好的分压式偏置放大器主板图

（二）识读工艺文件

电子产品生产工艺文件包括工艺文件封面、工艺文件明细表、工艺流程图、装配工艺过程卡等。

1. 工艺文件封面

放大器

工 艺 文 件

第 1 册

共 4 页

共 1 册

产品型号 学习情境1

产品名称 分压式偏置放大器

产品图号

批 准

2016年 月 日

旧底图总号	
底图总号	
日期	签名

2. 工艺文件明细表

	工艺文件明细表			产品名称	放大器	
				产品图号		
序号	零、部、整件图号	零、部、整件名称	文件代号	文件名称	页数	备注
1		放大器主板		工艺流程图	1	
2		放大器主板		装配工艺过程卡	1	
3						
4						
5						
6						
7						
8						
9						
10						
11						
12						
13						
14						
15						
16						
17						
18						
19						
20						
21						
22						
23						
24						
25						
26						
27						
28						
29						
30						

旧底图总号

底图总号						设计		
						审核		
日期 签名								
						标准化		第 页
	更改标记	数量	更改单号	签名	日期	批准		共 页

格式： 制图： 描图： 幅面：

3. 工艺流程图

	工艺流程图	产品名称	放大器	名称	学习情境1
		产品图号		图号	

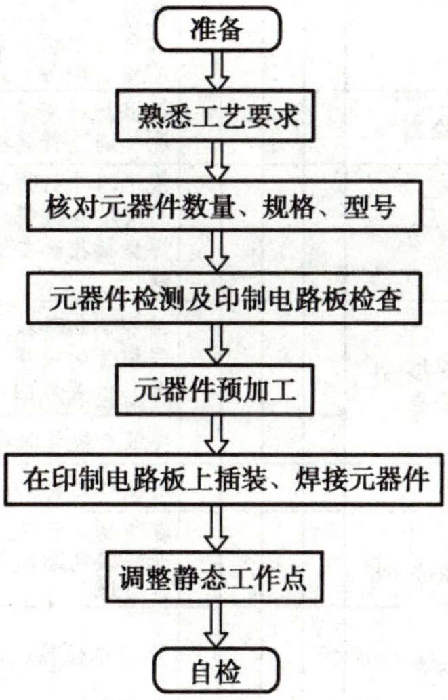

准备 → 熟悉工艺要求 → 核对元器件数量、规格、型号 → 元器件检测及印制电路板检查 → 元器件预加工 → 在印制电路板上插装、焊接元器件 → 调整静态工作点 → 自检

旧底图总号

底图总号							设计			
							审核			
日期	签名									
							标准化			第 页
		更改标记	数量	更改单号	签名	日期	批准			共 页

格式： 制图： 描图： 幅面：

4. 装配工艺过程卡

装配工艺过程卡	产品名称	放大器	名称	学习情境1
	产品图号		图号	

装入件及辅助材料			工作地	工序号	工种	工序内容及要求	设备及工装	工时定额
序号	代号、名称、规格	数量						
1	备料					凭领料单向元器件库领取本工艺所需的元器件。根据材料清单，检查各元器件外观质量、型号、规格，应符合要求。		
2	元器件检测					根据材料清单，将所有要焊接的元器件检测一遍，并将检测结果填入表1.1至表1.3.	万用表	
3	引脚加工（砂纸、焊锡、松香）					视元器件引脚的可焊性，先对引脚进行表面清洁和搪锡处理，并校直。然后，根据焊盘插孔和安装的要求弯折成所需要的形状。	尖嘴钳	
4	插装、焊接（焊锡、松香）					按印制电路板装焊工艺，按电阻、电容、三极管的次序，进行插装、焊接。插件型号、位置应准确。	电烙铁	
						安装三极管时要注意3个极的对应位置。		
5	切脚					用偏口钳切脚，切脚应整齐、干净。	偏口钳	
6	接线（焊锡、松香）					在印制电路板X1、X2、X3位置焊接插针，并焊接电路输入线、电路输出线和直流电源进线。	电烙铁	
7	调试（焊锡、松香）					调节电位器，选择合适的静态工作点。	万用表 电烙铁	

旧底图总号								
底图总号						设计		第1页 共1页
						审核		
日期	签名							
						标准化		
	更改标记	数量	更改单号	签名	日期	批准		

格式： 制图： 描图： 幅面：

1.2 检测元器件与安装

任务 1.2.1 识读并检测元器件

分压式偏置放大器所需材料如图 1.26 所示。

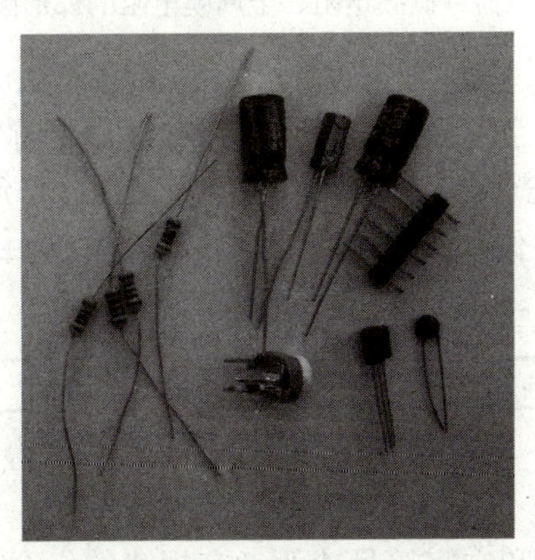

图 1.26 分压式偏置放大器所需材料

分压式偏置放大器材料清单如表 1.6 所示。

表 1.6 分压式偏置放大器材料清单

标 号	名 称	规 格	数 量
R_{b1}、R_{b2}	电阻	22kΩ	各 1
R_c	电阻	2.2kΩ	1
R_e	电阻	220Ω	1
RP	可调电阻	500kΩ	1
C_1	电解电容	4.7μF	1
C_2、C_e	电解电容	100μF	各 1
C_3	瓷片电容	102F	1
VT	三极管	9013	1
X_1、X_2、X_3	排针	2 针	各 1
	PCB	40mm×30mm	1

（一）识读并检测电阻

1. 识读电阻

电阻一般利用有一定电阻率的材料（碳或镍铬合金等）制成，在电路中的主要用途是稳定和调节电路中的电流和电压，还作为分流、限流、分压、偏置、消耗电能的负载等，是电子产品中使用最多的元器件之一。

图 1.27 所示为碳膜电阻、金属膜电阻的外形图。

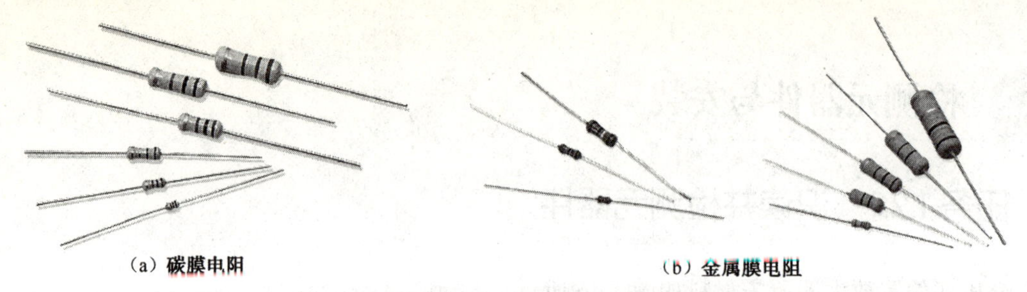
（a）碳膜电阻　　（b）金属膜电阻

图 1.27　碳膜电阻、金属膜电阻的外形图

电阻的标注方法有直标法、文字符号法、色标法和数码法。

（1）直标法是用数字和文字符号在电阻上直接标注出标称阻值、允许偏差等主要参数的方法，如图 1.28 所示。图 1.28（a）表示标称阻值为 5.1kΩ，允许偏差为±5%；图 1.28（b）表示标称阻值为 220kΩ，允许偏差为±20%（省略标注默认为±20%）；图 1.28（c）表示标称阻值为 6.8Ω，允许偏差为±5%。

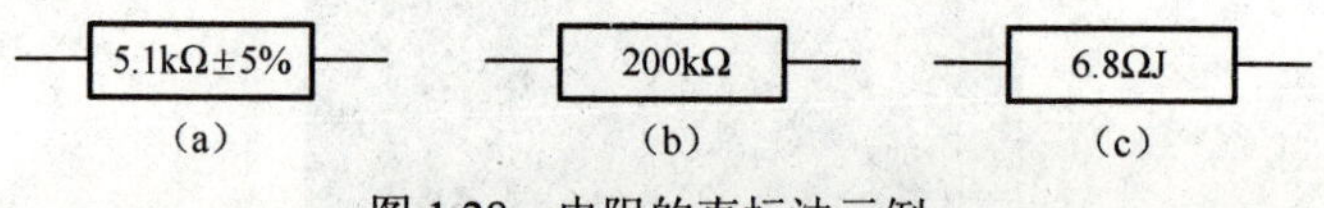

图 1.28　电阻的直标法示例

（2）文字符号法是用数字和文字符号或两者有规律的组合在电阻上标注出标称阻值、允许偏差等主要参数的方法，如图 1.29 所示。图 1.29（a）表示标称阻值为 0.67Ω，允许偏差为±5%；图 1.29（b）表示标称阻值为 2.2Ω，允许偏差为±5%；图 1.29（c）表示标称阻值为 4.7kΩ，允许偏差为±10%；图 1.29（d）表示标称阻值为 6.8MΩ，允许偏差为±10%；图 1.29（e）表示标称阻值为 8.2GΩ，允许偏差为±20%；图 1.29（f）表示标称阻值为 3.3TΩ，允许偏差为±20%。

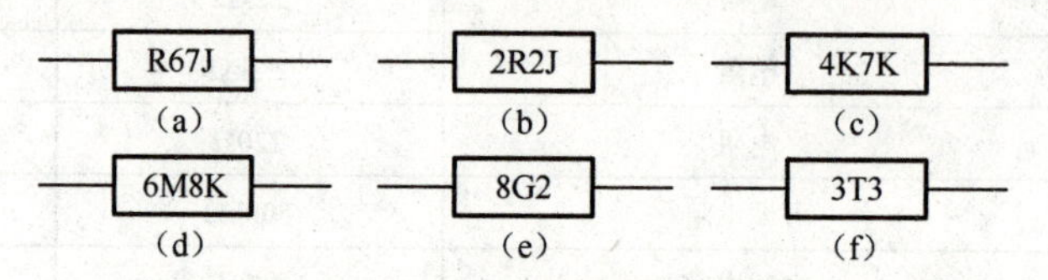

图 1.29　电阻的文字符号法示例

（3）电阻的色标法中有四色环法和五色环法两种，不同的环色代表不同的含义。四色环法如图 1.30（a）所示，其标称阻值为 $27\times10^{3}\Omega$（即 27kΩ），允许偏差为±5%。五色环法如图 1.30（b）所示，其标称阻值为 $175\times10^{-1}\Omega$（即 17.5Ω），允许偏差为±1%。

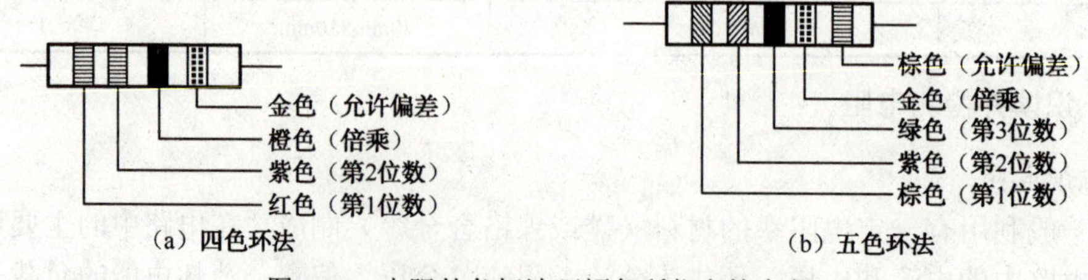

图 1.30　电阻的色标法环颜色所代表的含义

（4）数码法是用 3 位数字表示电阻阻值的方法，数字从左向右，前面的两位数为有效

值，第 3 位数为乘方，单位为Ω。例如，512J 表示标称阻值为 $51\times10^2\Omega$（即 5.1kΩ），允许偏差为±5%；473K 表示标称阻值为 $47\times10^3\Omega$（即 47kΩ），允许偏差为±10%。

2. 检测电阻

（1）固定电阻的检测步骤如下。

步骤 1：选定合适的万用表电阻挡量程（指针偏转在 0Ω至满量程 1/2 范围内）。

步骤 2：红、黑表笔分别插入标有“+”和“COM”的插孔，将红、黑表笔短接，调节“欧姆调零”旋钮，使万用表指针指在 0Ω处（即刻度线的最右边），如图 1.31（a）所示。

步骤 3：在红、黑表笔间接入被测电阻，先读出万用表指针所指示的刻度值，再乘以对应量程的倍率，得出电阻值，如图 1.31（b）所示。

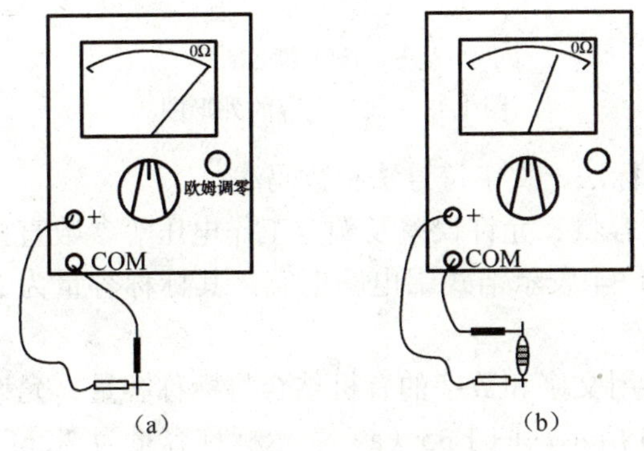

图 1.31 固定电阻的检测

（2）电位器的检测步骤如下。

步骤 1：选定合适的万用表电阻挡量程，红、黑表笔插入相应的插孔，进行欧姆调零。

步骤 2：万用表的两个表笔分别接两个定片，测量电位器的标称阻值，如图 1.32（a）所示。

步骤 3：万用表的一个表笔接动片，另一个表笔分别接两个定片，来回调节电位器的旋钮，观测电阻值的变化，如图 1.32（b）所示。

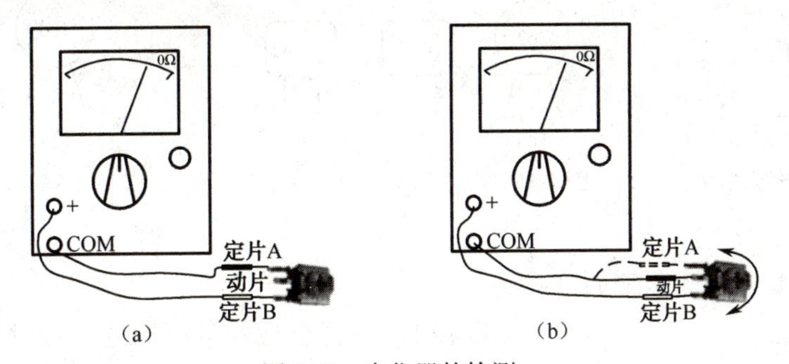

图 1.32 电位器的检测

（3）检测已知电路的电阻，填写表 1.1。

（二）识读并检测电容

电容是由两个导体及它们之间的介质组成的，具有储存电荷的能力，在电路中可用于隔直、耦合、旁路、滤波、谐振电路的调谐等，是电路中不可缺少的基本元器件之一。

1. 识读电容

图 1.33 所示为聚丙烯电容、聚酯膜电容和箔式铝电解电容的外形图。

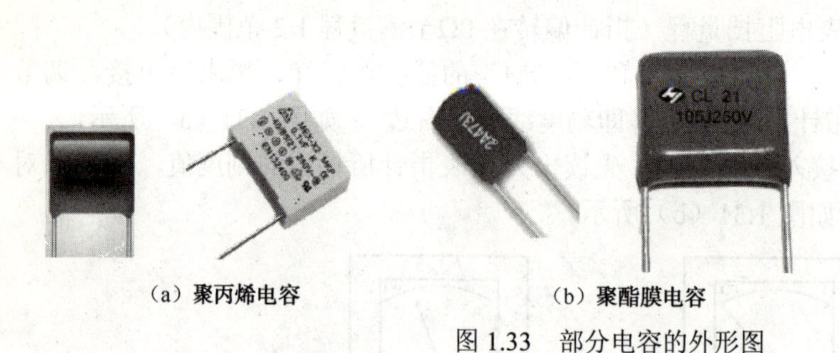

（a）聚丙烯电容　　（b）聚酯膜电容　　（c）箔式铝电解电容

图 1.33　部分电容的外形图

电容的标注方法有直标法、文字符号法和数码法。

（1）直标法是将标称容量、允许误差及额定工作电压等参数直接标注在电容上的一种方法，如图 1.34 所示。图 1.34 表示箔式铝电解电容，其标称容量为 220μF，额定工作电压为 10V。

（2）文字符号法是利用文字和数字的有机结合将标称容量、允许误差等参数标注在电容上的一种方法，如图 1.35 所示。图 1.35（a）表示标称容量为 2.2pF，图 1.35（b）表示标称容量为 0.47μF，图 1.35（c）表示标称容量为 47nF。

（3）数码法是用 3 位数字表示电容容量的方法，数字从左向右，前面的两位数为有效值，第 3 位数为乘方，单位为 pF。图 1.36（a）表示标称容量为 10×10^3pF（即 0.01μF）；图 1.36（b）表示标称容量为 33×10^{-1}pF（即 3.3pF），此为特殊情况，当第 3 位数为 9 时，表示乘以 10^{-1}。

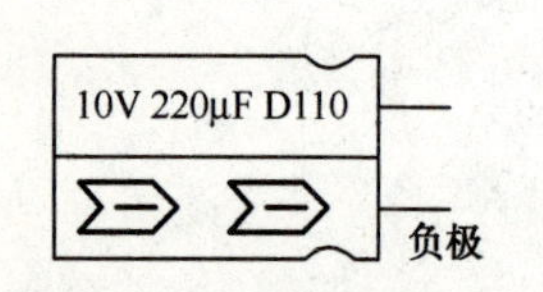

图 1.34　电容的直标法示例

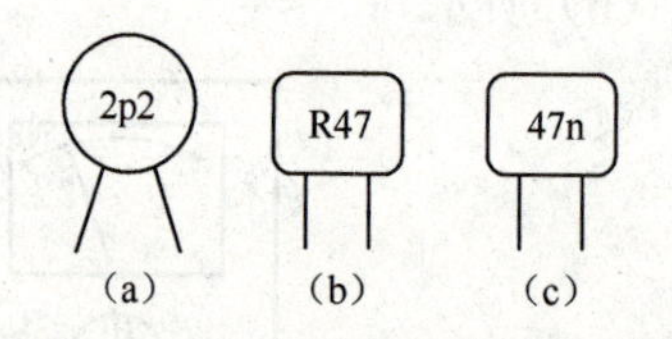

图 1.35　电容的文字符号法示例

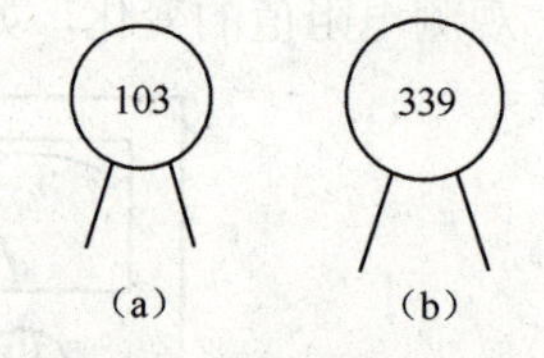

图 1.36　电容的数码法示例

2. 检测电容

（1）固定电容的检测步骤如下。

步骤 1：选择合适的量程挡位，一般 100μF 以上的电容用 $R\times100$ 挡，1～100μF 的电容用 $R\times1$k 挡，1μF 以下的电容用 $R\times10$k 挡，如图 1.37 所示。

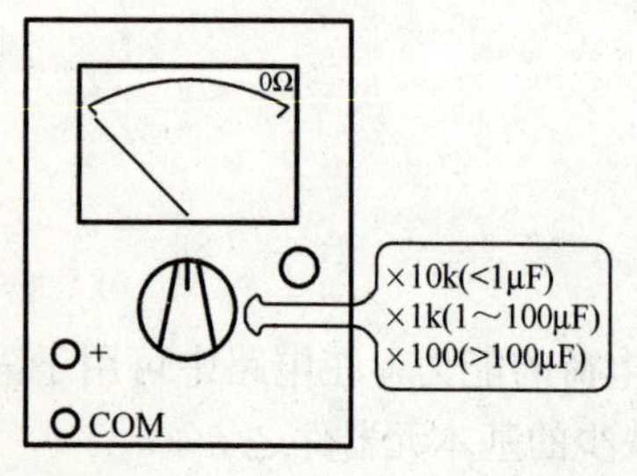

图 1.37　选择电容的合适量程挡位图

步骤 2：红、黑表笔分别与电容的两个引脚相接，在刚接触瞬间，指针应向右偏转，然后缓慢向左回归；对调两个表笔后再测，指针应重复以上过程（容量越大，指针右偏越大，向左回归越慢），如图 1.38（a）所示。

对于容量小于 0.01μF 的电容，由于充电电流极小，几乎看不出指针右偏，只能检测其是否短路。

步骤 3：如果万用表指针不动，则说明该电容已断路损坏，如图 1.38（b）所示。

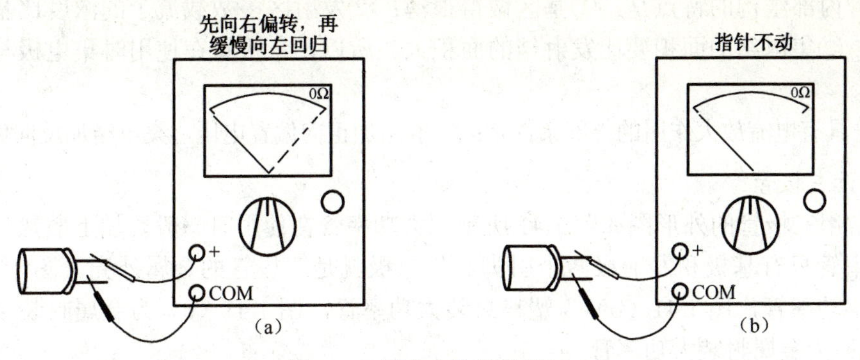

图 1.38　固定电容的检测 1

步骤 4：如果万用表指针向右偏转后不回归，则说明电容已短路损坏。如图 1.39（a）所示。

步骤 5：如果指针向左回归稳定后，阻值指示小于 500kΩ，则说明电容漏电较大，不宜使用，如图 1.39（b）所示。

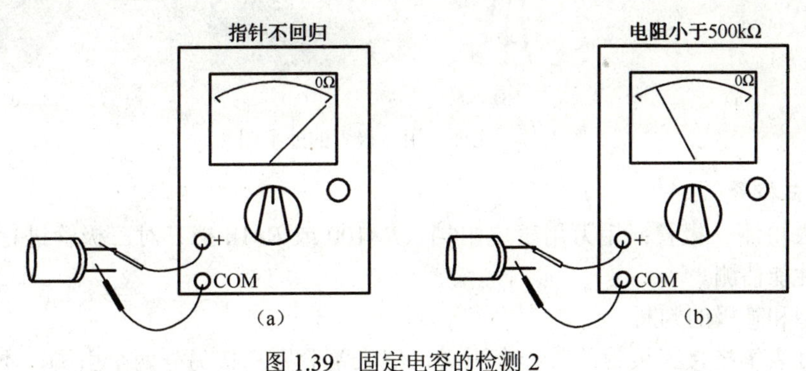

图 1.39　固定电容的检测 2

（2）可变电容的检测步骤如下。

步骤 1：万用表置于 R×1k 或 R×10k 挡。

步骤 2：两个表笔分别接可变电容的两个引脚，来回旋转可变电容的旋柄，万用表指针均应不动，若旋转到某处指针摆动，则说明可变电容有短路现象，不能使用。对于双联电容，应对每一联进行检测，如图 1.40 所示。

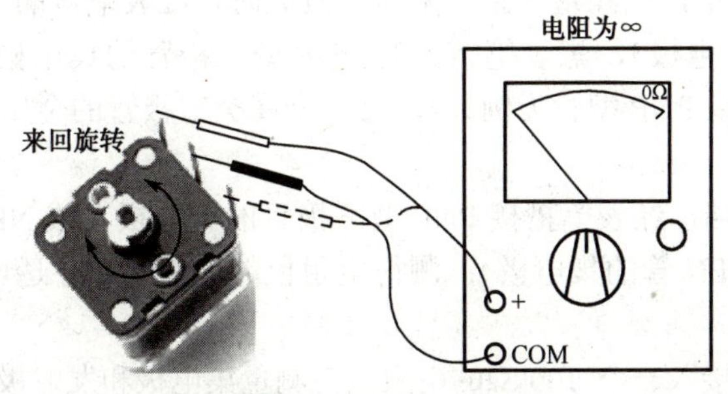

图 1.40　可变电容的检测

（3）检测已知电路的电容，填写表 1.2。

（三）识读并检测三极管

三极管内部结构的特点是：①基区做得很薄；②发射区多数载流子的浓度比基区和集电区高得多；③集电结的面积要比发射结的面积大。所以，三极管在使用时集电极与发射极不能互换。

三极管具有电流放大作用的外部条件是：发射结加正向偏置电压，集电结加反向偏置电压。

1. 识读三极管

几种常用三极管的外形图如图 1.41 所示。大功率管在使用时一般要加上散热片，金属封装的大功率管只有基极和发射极两个引脚，集电极就是三极管的金属外壳。图 1.41（a）为塑料封装小功率管，图 1.41（b）为塑料封装大功率管，图 1.41（c）为金属封装小功率管，图 1.41（d）为金属封装大功率管。

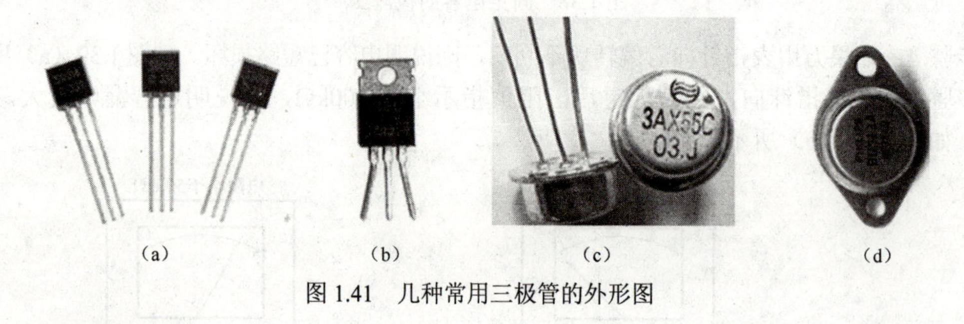

（a）（b）（c）（d）

图 1.41　几种常用三极管的外形图

2. 检测三极管

用万用表检测三极管：用万用表电阻挡（R×100 或 R×1k 挡）对三极管进行管型和引脚的判断及其性能估测。

（1）管型和基极的判断。

若采用红表笔搭接三极管的某一个引脚，黑表笔分别搭接另外两个引脚，不断转换，若测得两次阻值都很小，则红表笔搭接的引脚即为 PNP 型管的基极。

若采用黑表笔搭接三极管的某一个引脚，红表笔分别搭接另外两个引脚，不断转换，若测得两次阻值都很小，则黑表笔搭接的引脚即为 NPN 型管的基极。

（2）集电极和发射极的判断。

管型和基极确定后，用表笔分别搭接测量另外两个引脚间的电阻值，之后对调表笔再测一次；比较两次测量结果，则测量结果（阻值）较大时，红表笔接的是 PNP 型三极管的发射极（或 NPN 型管的集电极），黑表笔接的是 PNP 型三极管的集电极（或 NPN 型管的发射极），如图 1.42 所示（以 PNP 型管为例）。通常，金属类三极管的金属外壳为集电极。

（3）性能估测。

用万用表的 R×1k 挡，红表笔搭接 PNP 型三极管的集电极（或 NPN 型管的发射极），黑表笔搭接发射极（或 NPN 管的集电极）；测得电阻值越大，说明穿透电流 I_{CEO} 越小，三极管的性能越好。

在基极和集电极间接入一个 100kΩ的电阻，再测量集电极和发射极之间的电阻值（PNP 型管时，黑表笔接发射极，或者 NPN 型管时，红表笔接发射极）；比较接入电阻前后两次测量的电阻值，相差很小，则表示三极管无放大能力或放大能力β很小；相差越大，则表示放大能力β

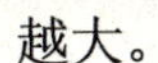

越大。

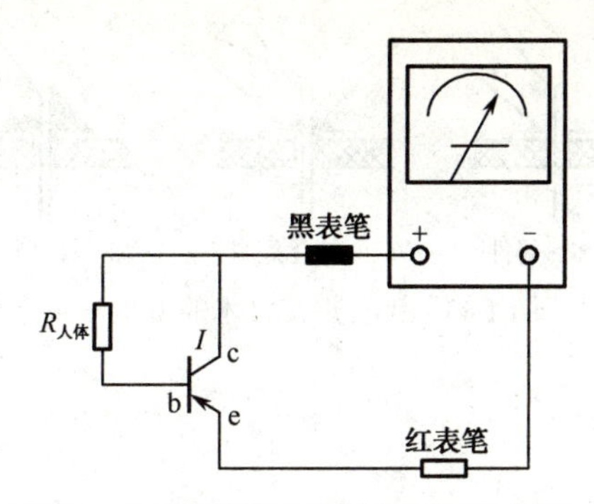

图 1.42 三极管集电极和发射极的判断

黑表笔接 PNP 型三极管的发射极（或 NPN 型管的集电极），红表笔接集电极（或 NPN 型管的发射极）；用手捏住管的外壳几秒钟（相当于加温），若电阻变化不大，则说明管的稳定性好，反之稳定性差。

（4）检测已知电路的三极管，填写表 1.3。

任务 1.2.2 手工焊接技术

（一）焊接工艺

（1）焊接工艺的重要性：焊接是电子制作工艺中非常重要的环节，焊接的质量直接影响产品的质量。若没有掌握好焊接的要领，则容易产生虚焊；若焊接过程中加入焊锡过多，则会造成桥接（短路），致使制作出来的产品性能达不到设计要求。

（2）焊接机理：通过对焊件加热，并使焊料熔化后，在焊件与焊料之间产生了原子扩散，待凝固后，在其交界面上将形成一层合金结合层。该合金结合层有良好的导电性和机械强度。

（二）焊接要求

（1）良好的可焊性。

（2）焊件表面必须清洁。

（3）使用合适的助焊剂。

（4）焊件要加热到熔锡温度。

（三）元器件插装

按从小到大、从低到高的原则插装元器件。

元器件的两种放置方法：平放和竖放。

（四）五步法训练

作为一种初学者掌握手工焊接技术的训练方法，五步法是卓有成效的。正确的五步法为准备施焊、加热焊件、熔化焊料、移开焊锡、移开电烙铁，如图 1.43 所示。

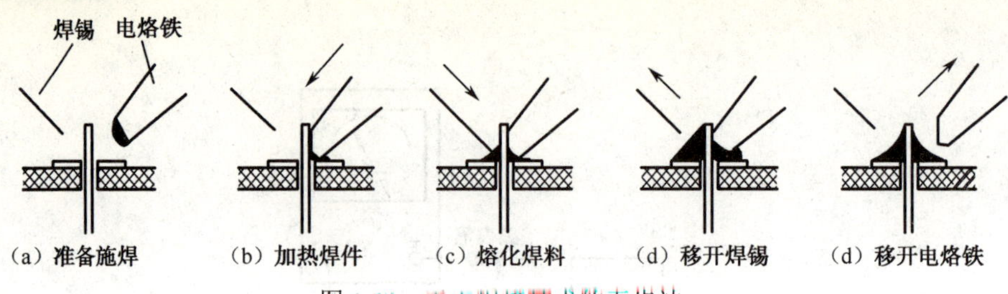

图 1.43　手工焊接技术的五步法

(五) 焊接操作

1. 焊接操作的准备阶段

焊接操作的准备阶段如图 1.44 所示。

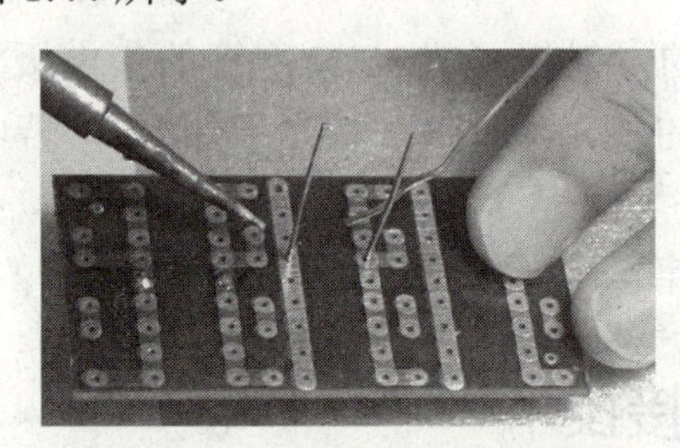

图 1.44　焊接操作的准备阶段

2. 焊接操作的加热操作

焊接操作的加热操作如图 1.45 所示。

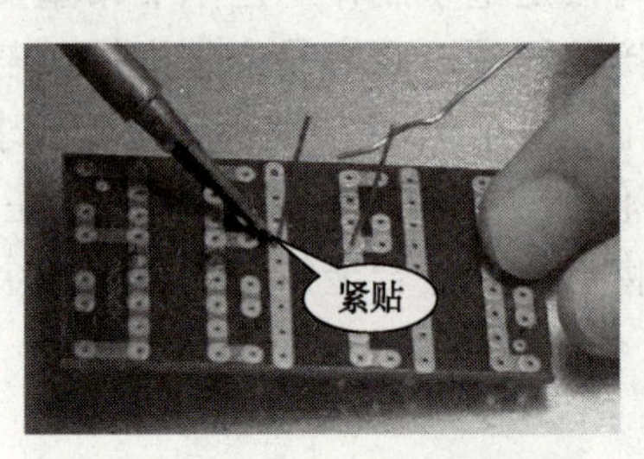

图 1.45　焊接操作的加热操作

3. 加焊锡操作

加焊锡操作如图 1.46 所示。

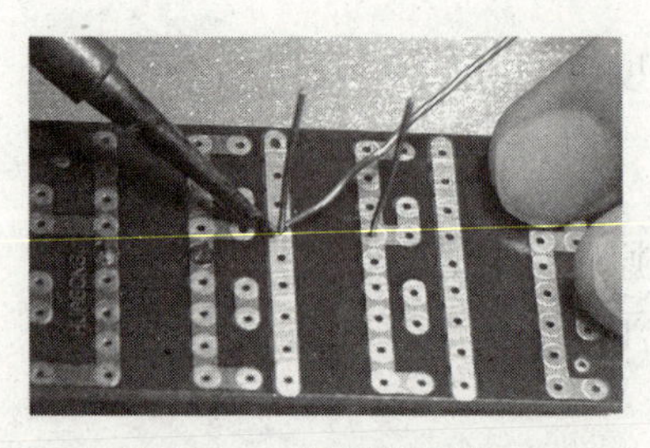

图 1.46　加焊锡操作

4. 元器件焊脚长度及焊点形状

合格的元器件焊脚长度及焊点形状如图 1.47 所示。不合格的有虚焊、焊料堆积、焊料过多、焊料过少、松香焊、过热、冷焊、浸润不良、不对称、松动、拉尖、桥接、针孔、气泡、铜箔翘起、剥离等现象，如图 1.48 所示。

图 1.47 合格的元器件焊脚长度及焊点形状

图 1.48 不合格的焊点

（六）手工焊接注意事项

（1）掌握好加热时间。在保证焊料润湿焊件的前提下，加热时间越短越好。

（2）保持合适的温度。保持烙铁头在合适的温度范围内。一般，烙铁头温度比焊料熔化温度高 50℃较为适宜。

（3）不需用电烙铁对焊点加力加热。用电烙铁对焊点加力加热是错误的，这会造成焊件的损伤。例如，电位器、开关、接插件的焊接点往往都是固定在塑料构件上，加力的结果容易造成元器件功能失效。

1.3 检测与检修

任务 1.3.1 检测放大器电路

（一）静态工作点的调整与测量

（1）将拨动开关 S_1、S_2 均置 1，连接直流稳压电源，并调节电压为 6V。

（2）调整静态工作点：连接低频信号发生器、毫伏表和示波器，信号发生器输出信号频率为 1kHz，电压为 10mV，用示波器观察输出信号的波形；逐渐增大输入信号（由毫伏表监测），如果出现波形失真，则调节电位器使波形恢复正常，然后再逐渐增大输入，重复上述步骤，直至输出波形最大且不失真为止，此时放大器的静态工作点最为合适。

（3）测量静态工作点：断开信号源，将放大器输入端对地短路，用万用表测量 I_{BQ}、I_{CQ}、U_{BEQ}、U_{CEQ}，并填写表 1.4。

（二）电压放大倍数的测量

改变 R_c 和 R_L，根据输入信号，测量输出电压，将测量结果填入表 1.5。

任务 1.3.2 检修放大器电路

（一）稳定静态工作点

分压式电流负反馈单级低频小信号放大器采用电位器和基极分压固定基极电位，再利用发射极电阻 R_c 获得电流反馈信号，使基极电流发生相应的变化，从而稳定静态工作点。

（二）消除自激现象

RP、R_{b1} 为上偏置电阻，R_{b2} 为下偏置电阻，电源电压经分压后给基极提供偏流。R_c 为集电极电阻，R_e 为发射极电阻，C_e 是发射极电阻旁路电容，提供交流信号的通道，减小放大过程中的损耗，使交流信号不因 R_e 的存在而降低放大器的放大能力。C_1、C_2 为耦合电容，C_3 为消振电容，用于消除电路可能产生的自激。

任务评价

1. 学习情境 1 的评价表

学习情境 1 的评价表如表 1.7 所示。

表 1.7 学习情境 1 的评价表

任务序号	配 分	得 分
1.1.2	5	
1.2.1	15	
1.2.2	60	
1.3.1	20	
合 计	100	

2. 任务 1.1.2 的评价表

任务 1.1.2 的评价表如表 1.8 所示。

表 1.8 任务 1.1.2 的评价表

操作内容	评价标准	评分标准	配 分
工具的种类	根据产品要求，工具种类要齐全	工具种类不全扣 2 分	2
工具的规格	根据产品要求，工具规格要齐全	工具规格不全扣 1 分	1
工具的数量	清点工具种类、规格及总数量	种类、规格及数量不对或摆放不整齐扣 2 分	2
小 计			5

3. 任务 1.2.1 的评价表

任务 1.2.1 的评价表如表 1.9 所示。

表 1.9 任务 1.2.1 的评价表

操作内容	评价标准	评分标准	配分
识别元器件的类型	能够准确判断元器件的类型	元器件的类型判断错误扣 1 分	5
判断元器件的质量，识读元器件	能够判断元器件的好坏，读出元器件数值	好坏误判或数值读错扣 1 分	5
判断元器件的极性，测量元器件的参数	用万用表判断元器件的极性，测量元器件的参数	极性判断错误或测量元器件参数错误扣 1 分	5
小计			15

4. 任务 1.2.2 的评价表

任务 1.2.2 的评价表如表 1.10 所示。

表 1.10 任务 1.2.2 的评价表

操作内容	评价标准	评分标准	配分
元器件清点、检测	清点全部配套元器件，用万用表检测元器件的质量	元器件短缺每件扣 1 分，元器件质量误判每件扣 1 分	10
元器件引脚成形、镀锡	元器件引脚成形加工尺寸符合工艺要求，引脚镀锡符合工艺要求	基板成品检验时发现加工尺寸、整形折弯、镀锡不符合工艺要求每件扣 1 分	10
印制电路板插件	元器件安装位置正确，元器件极性安装正确，安装方式正确	元器件漏装、错装、极性装反每件扣 2 分	20
印制电路板焊接	无漏焊、连焊、虚焊，焊点光滑、无毛刺	每个不良焊点扣 1 分，此项最多扣 20 分	20
小计			60

5. 任务 1.3.1 的评价表

任务 1.3.1 的评价表如表 1.11 所示。

表 1.11 任务 1.3.1 的评价表

操作内容	评价标准	评分标准	配分
功能单元板通电检查	功能单元板通电后静态电流正常	功能单元板加不上电源扣除全部配分 20 分 有短路现象扣除全部配分 20 分	10
基本功能检查、电气指标检测	具备基本功能，关键点电压值准确，电气指标合格	基本功能不具备扣除 10 分 关键点电压值不准确每处扣 5 分 主要电气指标不合格一项扣 5 分	10
小计			20

WY6-12V稳压电源的装调

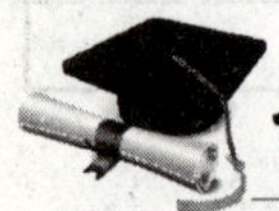

任务要求

1. 电烙铁的选用与检测

（1）根据焊接产品需要，准备相应种类（内热式、外热式、恒温式）、规格（瓦数）的电烙铁。

（2）检查烙铁头的形状，若不符合焊点要求，应对烙铁头修整或更换。

（3）检查电源线外观及安装。

（4）用万用表检查电烙铁有无短路、断路、外壳带电等现象。

（5）将上述检查结果填入表2.1。

表2.1　选用与检测电烙铁记录表

序　号	检查项目	结　果
1	电烙铁的种类、规格与焊接的产品相适应	
2	烙铁头的形状符合焊接产品焊点的要求	
3	电源线无破损、安装牢固	
4	电烙铁通电后正常工作，无安全隐患	

2. 二极管的识别与检测

（1）识别二极管的类型。

（2）判断二极管的极性，判定后将正极折弯，以便检查。

（3）检测二极管质量的好坏。

（4）将识别与检测结果填入表2.2。

表2.2　识别与检测二极管记录表

标　号	二极管类型	二极管极性判定	二极管质量
VD			

3. 安装稳压电源

（1）清点元器件规格、数量，用万用表逐个测量其数值和功能。

（2）对元器件引脚清除氧化层，大弯成形。

（3）按提供的稳压电源电路原理图（如图 2.1 所示）在印制电路板（试验板）上插装并焊接元器件，要求无漏焊、连焊、虚焊，焊点光滑、无毛刺、干净。

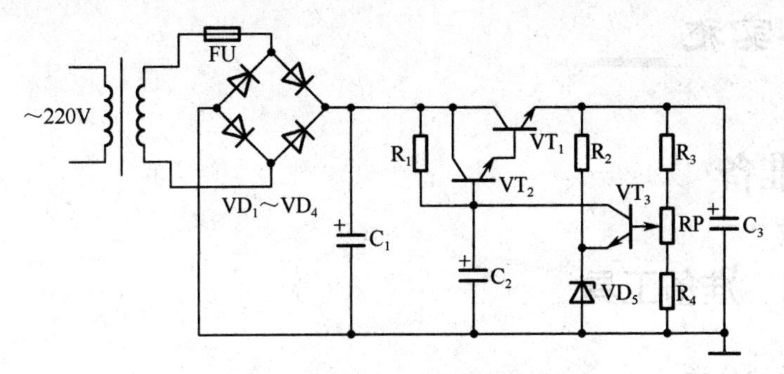

图 2.1　稳压电源电路原理图

4. 检测稳压电源电路简单功能单元

（1）将稳压电源电路简单功能单元基板接电源，通电检测。

（2）根据稳压电源检测电路图（如图 2.2 所示）将测量结果填入工作状态表。

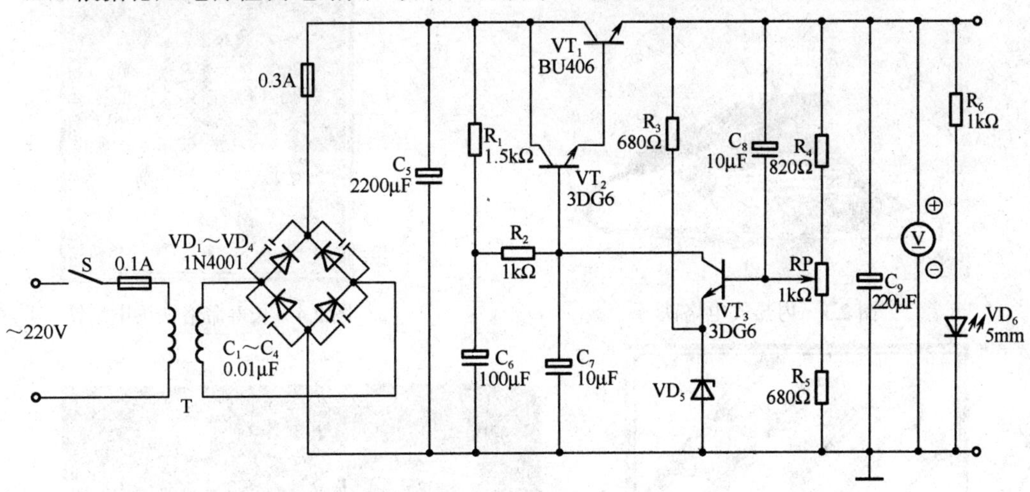

图 2.2　稳压电源检测电路图

任务分解

2.1　工艺准备

任务 2.1.1　准备工具

任务 2.1.2　准备材料

任务 2.1.3　识读技术文件

2.2　检测元器件与安装

任务 2.2.1　识读并检测元器件

任务 2.2.2　安装稳压电源

2.3　检测与检修

任务 2.3.1　检测稳压电源电路

任务 2.3.1　检修稳压电源电路

任务实施

2.1 工艺准备

任务 2.1.1　准备工具

（一）电烙铁的分类

常用的电烙铁有内热式电烙铁、长寿命烙铁头电烙铁、外热式电烙铁、手动送锡电烙铁、温控式电烙铁、热风拔焊台，如图 2.3 至图 2.8 所示。

图 2.3　内热式电烙铁

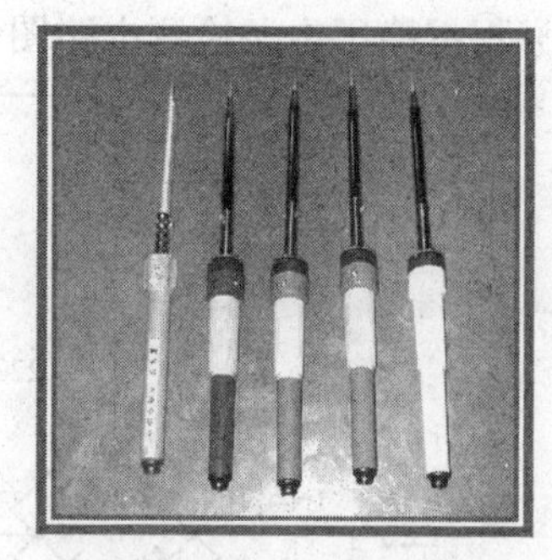

图 2.4　长寿命烙铁头电烙铁

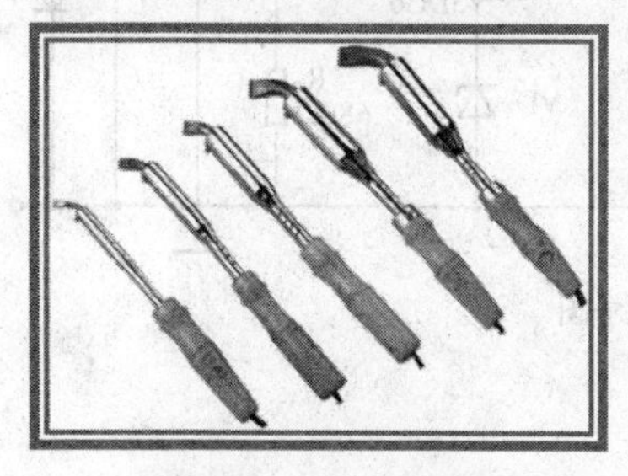

图 2.5　外热式电烙铁

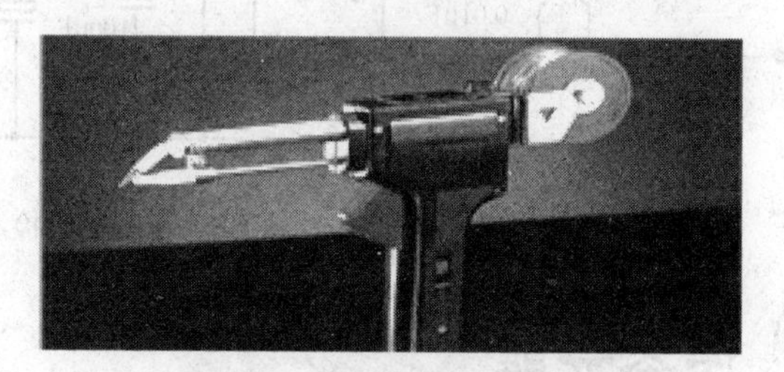

图 2.6　手动送锡电烙铁

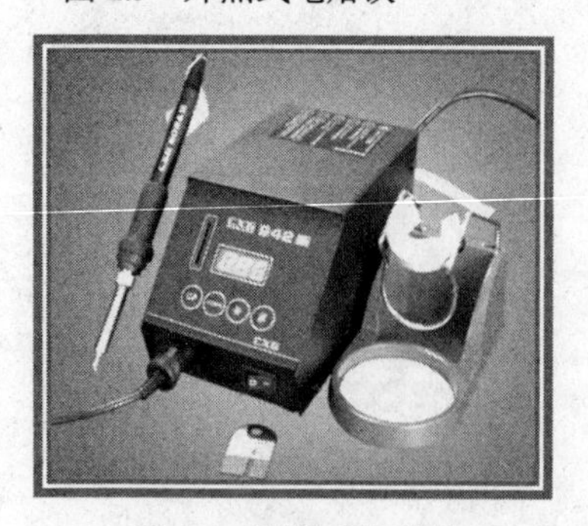

图 2.7　温控式电烙铁

图 2.8　热风拔焊台

(二)内热式电烙铁的组装

内热式电烙铁的组装顺序如图 2.9 所示。

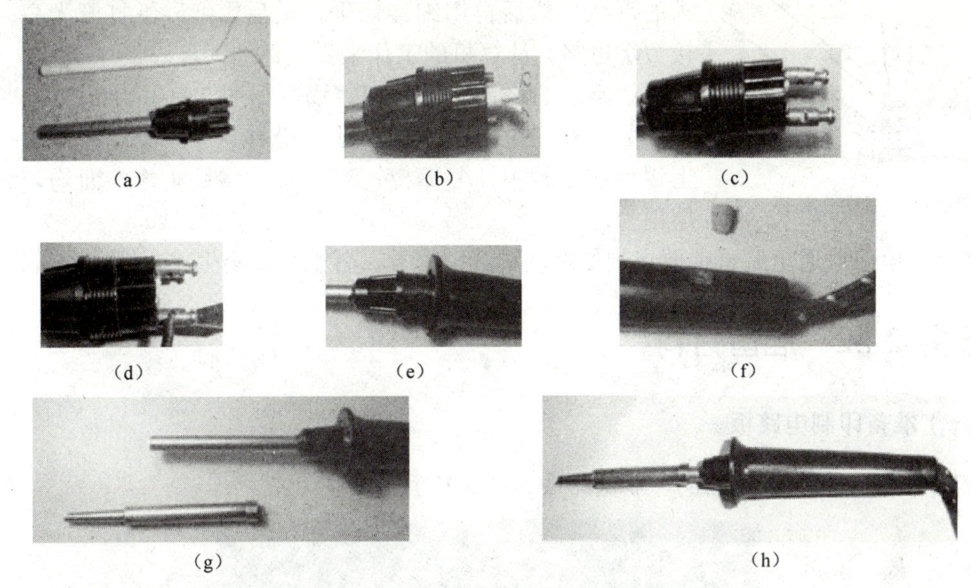

图 2.9 内热式电烙铁的组装顺序

(三)烙铁头及其修整和镀锡

1. 烙铁头

烙铁头一般用紫铜制成。对于有镀层的烙铁头，一般不要锉或打磨，因为电镀层的目的就是保护烙铁头不易腐蚀。

还有一种新型合金烙铁头，寿命较长，但需配专门的电烙铁，一般用于固定产品的印制电路板焊接。

常用烙铁头的形状如图 2.10（a）所示，图 2.10（b）所示为部分烙铁头形状及其应用。

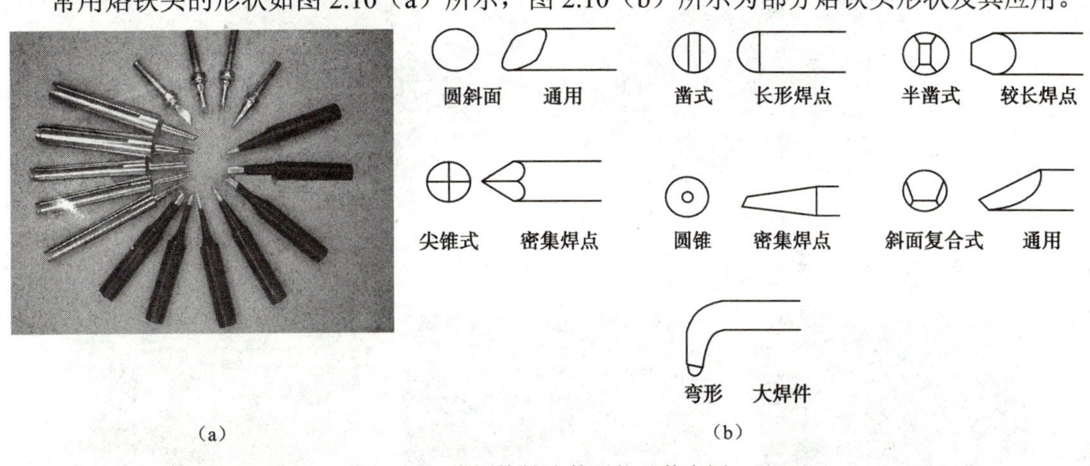

图 2.10 常用烙铁头的形状及其应用

2. 普通烙铁头的修整和镀锡

烙铁头经使用一段时间后，会发生表面凹凸不平、氧化层增厚的现象，在这种情况下需要修整。

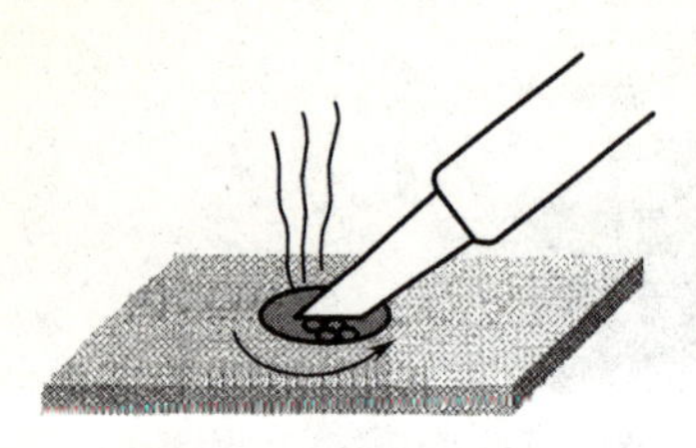
图 2.11 烙铁头镀锡

一般是将烙铁头拿下来，夹到台钳上粗锉，修整为自己要求的形状，然后再用细锉修平，最后用细砂纸打磨光亮。对焊接数字电路、计算机的工作来说，锉细，再修整。

修整后的烙铁头应立即镀锡，如图 2.11 所示。方法是将烙铁头装好并通电，在木板上放些松香并放一段焊锡，烙铁头沾上锡后在松香中往复摩擦，直到整个烙铁头修整面均匀镀上一层锡为止。

注意：电烙铁通电后一定要立刻使烙铁头蘸上松香，否则表面会生成难镀锡的氧化层。

任务 2.1.2 准备材料

（一）准备印制电路板

WY6-12V 稳压电源电路的印制电路板如图 2.12 所示。

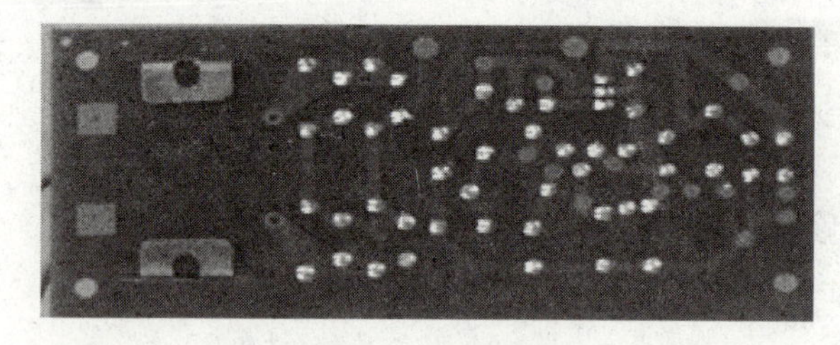
图 2.12 印制电路板

（二）准备辅件

（1）熔断器如图 2.13 所示。

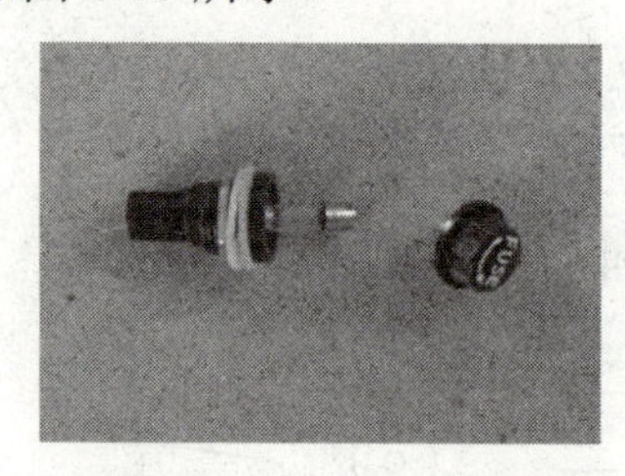
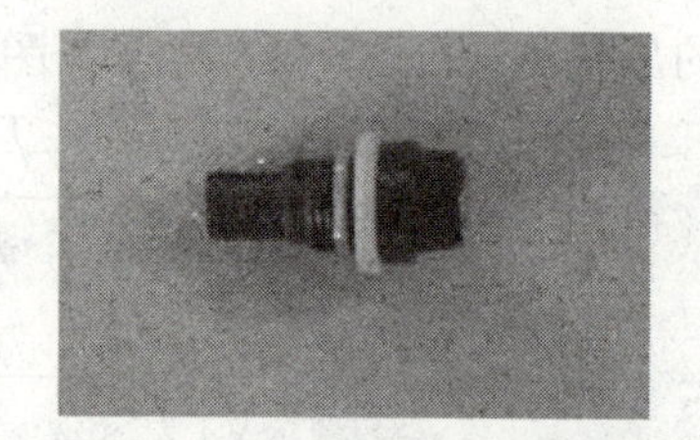
图 2.13 熔断器

（2）LED 指示灯如图 2.14 所示。

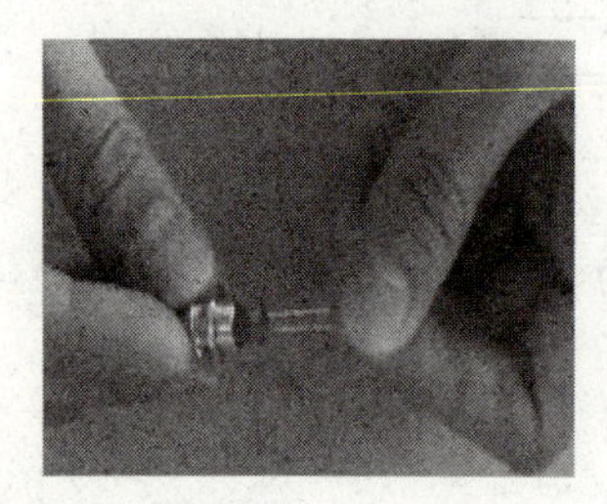
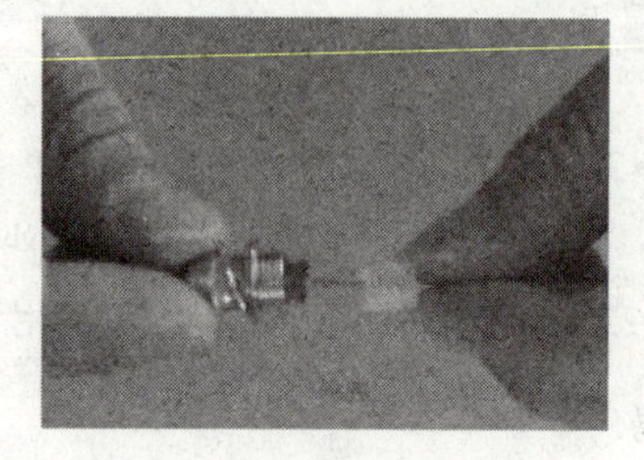
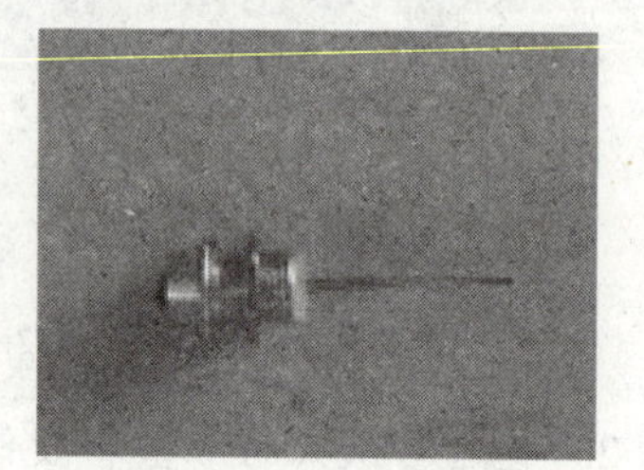
图 2.14 LED 指示灯

（3）直流电压表头如图 2.15 所示。

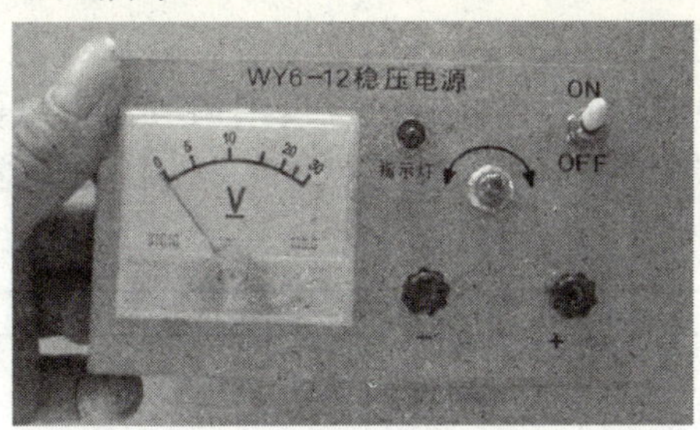

图 2.15　直流电压表头

（4）外壳如图 2.16 所示。

图 2.16　外壳

任务 2.1.3　识读技术文件

（一）识读设计文件

1. 组成框图

稳压电源的组成框图如图 2.17 所示。

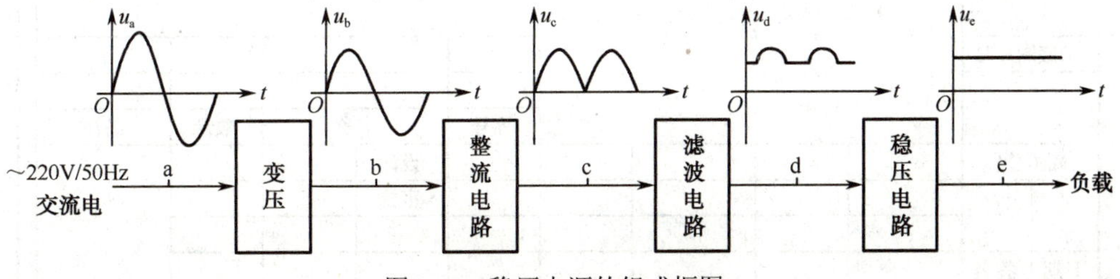

图 2.17　稳压电源的组成框图

2. 电路原理图

稳压电源电路原理图如图 2.1 所示。

工作原理：由变压器次级提供一组交流 12V 电压，由 VD_1～VD_4 组成的桥式整流电路在 C_1 两端得到一个不稳定的直流电压，再经 VT_1（电压调整）、VT_2（电压放大）、VT_3（电压采样），并和 VD_5 提供的基准电压进行比较放大—反馈调节输出—再采样—比较放大—反馈调节输出的循环，从而自动调节输出电压，使之稳定在规定的范围之内。

3. 印制电路板图

	印制电路板图	产品名称	稳压电源	名称	学习情境2
		产品图号		图号	

元器件面

焊接面

旧底图总号									
						序号	名称	数量	备注
底图总号							设计		
							审核		
日期	签名								
							标准化		第 页 共 页
		更改标记	数量	更改单号	签名	日期	批准		

格式： 制图： 描图： 幅面：

（二）识读工艺文件

电子产品生产工艺文件包括工艺文件封面、工艺文件明细表、工艺流程图、装配工艺过程卡等。

1. 工艺文件封面

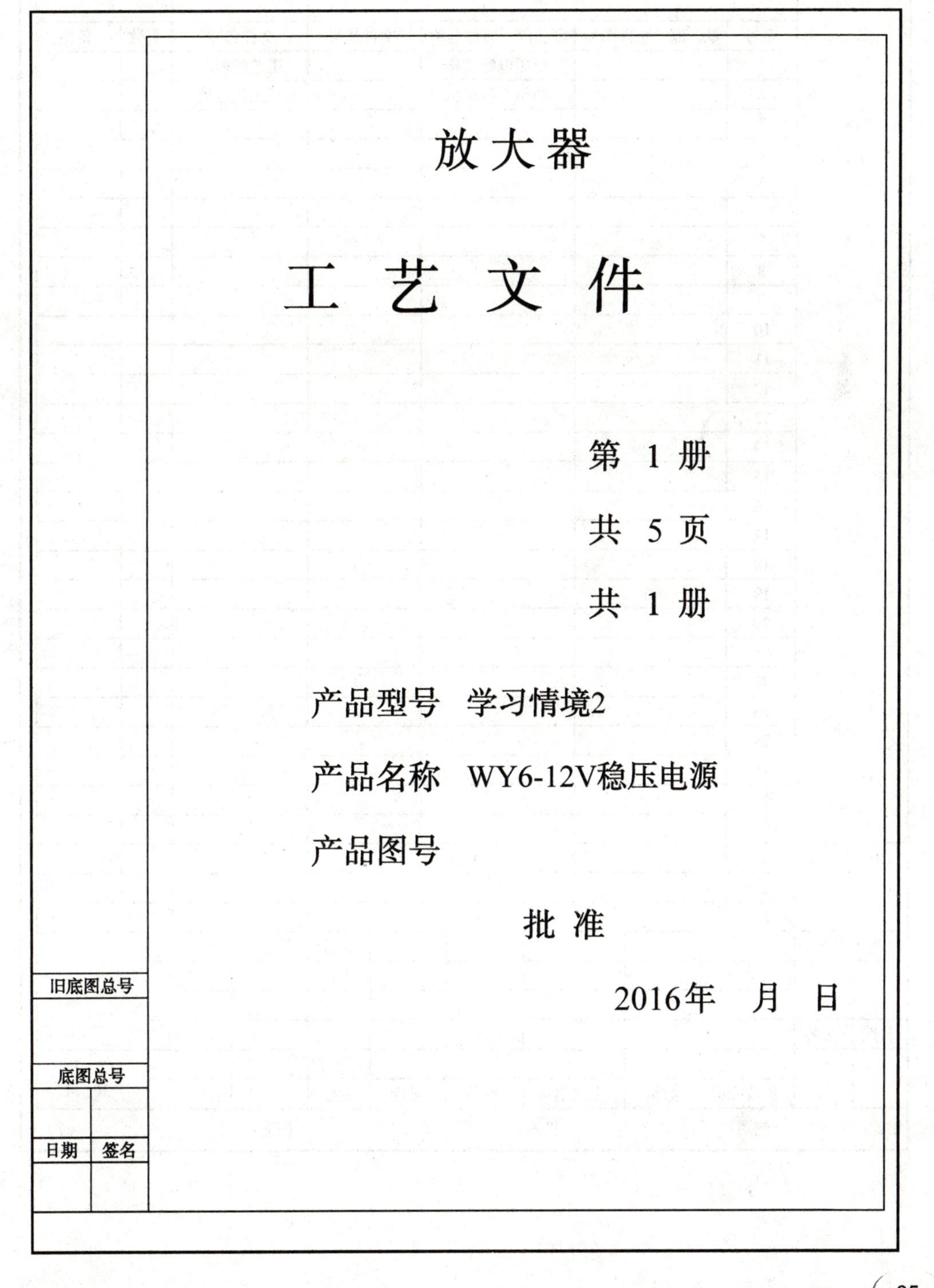

放大器

工　艺　文　件

第 1 册

共 5 页

共 1 册

产品型号　学习情境2

产品名称　WY6-12V稳压电源

产品图号

批 准

2016年　月　日

旧底图总号	
底图总号	
日期	签名

2. 工艺文件明细表

	工艺文件明细表	产品名称	稳压电源
		产品图号	

	序号	零、部、整件图号	零、部、整件名称	文件代号	文件名称	页数	备注
	1		稳压电源整机		工艺流程图	1	
	2		稳压电源整机		装配工艺过程卡	2	
	3						
	4						
	5						
	6						
	7						
	8						
	9						
	10						
	11						
	12						
	13						
	14						
	15						
	16						
	17						
	18						
	19						
	20						
	21						
	22						
	23						
	24						
	25						
	26						
	27						
旧底图总号	28						
	29						
	30						

底图总号							设计			
							审核			
日期	签名									
							标准化			第 页
		更改标记	数量	更改单号	签名	日期	批准			共 页

格式： 制图： 描图： 幅面：

3. 工艺流程图

工艺流程图	产品名称	稳压电源	名称	学习情境2
	产品图号		图号	

准备 → 熟悉工艺要求 → 核对元器件数量、规格、型号 → 元器件检测及印制电路板检查 → 元器件预加工 → 在印制电路板上插装、焊接元器件 → 总装加工 → 自检

旧底图总号								
底图总号						设计		
						审核		
日期 签名								
						标准化		第 页
	更改标记	数量	更改单号	签名	日期	批准		共 页

格式： 制图： 描图： 幅面：

4. 装配工艺过程卡

装配工艺过程卡	产品名称	稳压电源	名称	学习情境2
	产品图号		图号	

装入件及辅助材料			工作地	工序号	工种	工序内容及要求	设备及工装	工时定额
序号	代号、名称、规格	数量						
1	备料					凭领料单向元器件库领取本工艺所需的元器件。根据材料清单，检查各元器件外观质量、型号、规格，应符合要求。		
2	元器件检测					根据材料清单，将所有要焊接的元器件检测一遍，并将检测结果填入表2.1、表2.2。	万用表	
3	引脚加工 （砂纸、焊锡、松香）					视元器件引脚的可焊性，先对引脚进行表面清洁和搪锡处理，并校直。然后，根据焊盘插孔和安装的要求弯折成所需要的形状。	尖嘴钳	
4	插装、焊接 （焊锡、松香）					按印制电路板装焊工艺，按电阻、电容、二极管、三极管，再集成块、变压器等的次序，进行插装、焊接。插件型号、位置应准确。	电烙铁	
						安装滤波电容时,外壳不要与散热片相碰。		
						安装三极管时要注意3个极的对应位置。		
						安装发光二极管时，其引脚长度应与盒子高度配合起来确定，正确的高度应为盒子盖上后，发光二极管正好伸出盒子上的孔位。		
5	切脚					用偏口钳切脚，切脚应整齐、干净。	偏口钳	
6	接线 （焊锡、松香）					电源进线引线按通孔插装方式焊接。十字插头线焊于电路板的焊接面，其焊接位置为极性转换开关两只中间的脚位。电源输出极性应与面板上所标极性一致。	电烙铁	

旧底图总号								
底图总号						设计		
						审核		
日期	签名							
						标准化		第1页 共2页
		更改标记	数量	更改单号	签名	日期	批准	

格式： 制图： 描图： 幅面：

装配工艺过程卡	产品名称	稳压电源	名称	学习情境2
	产品图号		图号	

装入件及辅助材料			工作地	工序号	工种	工序内容及要求	设备及工装	工时定额
序号	代号、名称、规格	数量						
7	检测、调试 （焊锡、松香）					接通电源，可看到发光管点亮，用万用表测量电容两端电压，正常应在15V左右。	万用表	
						根据材料清单，将所有要焊接的元器件检测一遍，并将检测结果填入工作状态表。	万用表 电烙铁	
8	总装 （焊锡、松香）					用电烙铁对钻石塑料片加热，使其粘在外壳上成为一体，以备安装。		
						将电路板装于外壳中。在焊接电源进线引线时，先对金属插片进行清洁、上锡，注意上锡时间不能太长，以防塑料外壳熔化。然后，将电路板上的进线引线焊于金属插片上。调整好十字输出线及指示灯和拨动开关的位置后，拧紧螺钉，贴上标识。	电烙铁 旋具	

旧底图总号								
底图总号						设计		
						审核		
日期	签名							
						标准化		第2页 共2页
		更改标记	数量	更改单号	签名	日期	批准	

格式： 制图： 描图： 幅面：

2.2 检测元器件与安装

任务 2.2.1　识读并检测元器件

WY6-12V 稳压电源材料清单如表 2.3 所示。

表 2.3　WY6-12V 稳压电源材料清单

编号	标号	名称、规格	数量	编号	名称、规格	数量
1	R_1	RT1/4W 1.5kΩ	1	23	0.3A 熔断器（带座子）	1
2	R_2	RT1/4W 1kΩ	1	24	0.1A 熔断器（带座子）	1
3	R_3	RT1/4W 680Ω	1	25	绝缘套管（ϕ2）	2
4	R_4	RT1/4W 820Ω	1	26	绝缘套管（ϕ3）	2
5	R_5	RT1/4W 680Ω	1	27	护线圈	1
6	R_6	RT1/4W 1kΩ	1	28	焊片	3
7	RP	RT 电位器 1kΩ	1	29	3*8 圆头螺钉（带螺母）	5
8	C_1～C_4	CC 0.01μF	各 1		（固定橡胶脚 4 个，固定线卡 1 个）	
9	C_5	CD 2200μF/25V	1	30	3*4 圆头螺钉	5
10	C_6	CD 100μF/16V	1		（固定上、下盖 4 个，固定散热器 1 个）	
11	C_7	CD 10μF/16V	1	31	3*6 自攻螺钉	8
12	C_8	CD 10μF/16V	1		（固定电路板 4 个，固定塑料绝缘柱 4 个）	
13	C_9	CD 220μF/16V	1	32	带插头电源线	1
14	VD_1～VD_2	二极管 1N4001	各 1	33	塑料绝缘柱	4
15	VD_5	稳压管 3V	1	34	塑料线卡	1
16	VD_6	ϕ5 发光二极管（带座子）	1	35	红色接线柱	1
17	VT_1	三极管 BU406（带散热器）	1	36	黑色接线柱	1
18	VT_2	三极管 3DG6	1	37	橡胶脚	4
19	VT_3	三极管 3DG6	1	38	上机壳	1
20	T	电源变压器	1	39	下机壳	1
21		直流电压表 15V	1	40	扎带	4
22	S	电源开关	1	41	电路板	1
				42	旋钮	1

（一）识别并检测二极管

1. 识别各种类型的二极管

由实训教室提供各种类型的二极管，包括整流二极管、稳压二极管、发光二极管和光电二极管等，如图 2.18 所示。几种二极管的符号和极性如图 2.19 所示。

2. 用万用表检测二极管

在实际应用中，常用万用表电阻挡对二极管进行极性判断及性能检测。测量时选择万用

表的 $R\times100$ 挡（也可以选择 $R\times1\text{k}$ 挡），将万用表的红、黑表笔分别接二极管的两端。

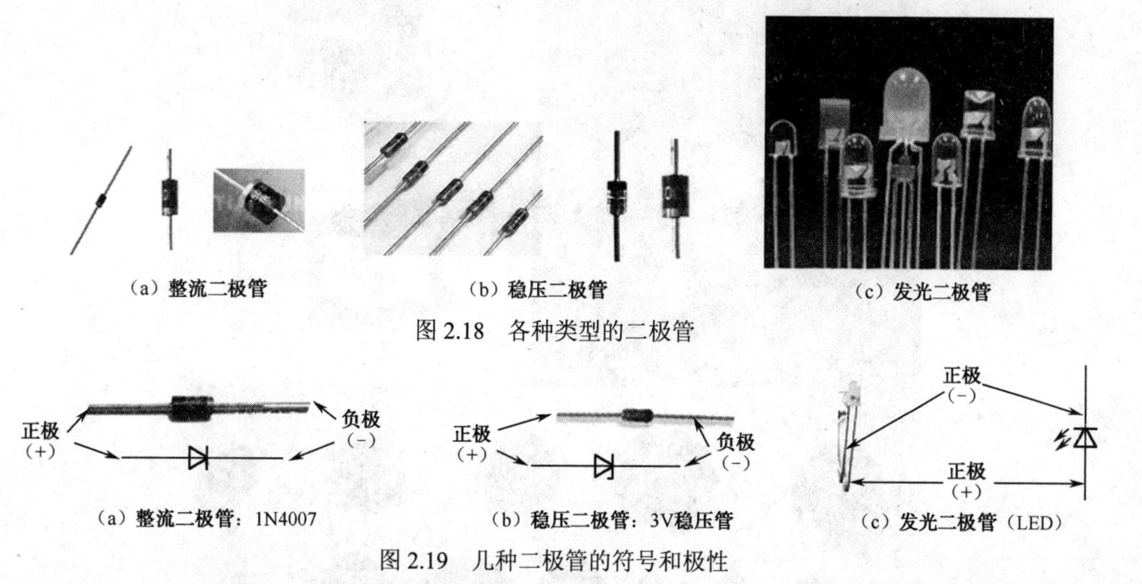

（a）整流二极管　（b）稳压二极管　（c）发光二极管

图 2.18　各种类型的二极管

（a）整流二极管：1N4007　（b）稳压二极管：3V稳压管　（c）发光二极管（LED）

图 2.19　几种二极管的符号和极性

（1）测得电阻值较小时，黑表笔接二极管的一端为正极（+），红表笔接的另一端为负极（−），如图 2.20（a）所示，此时测得的阻值称为正向电阻。

（2）测得电阻值较大时，黑表笔接二极管的一端为负极（−），红表笔接的另一端为正极（+），如图 2.20（b）所示，此时测得的阻值称为反向电阻。

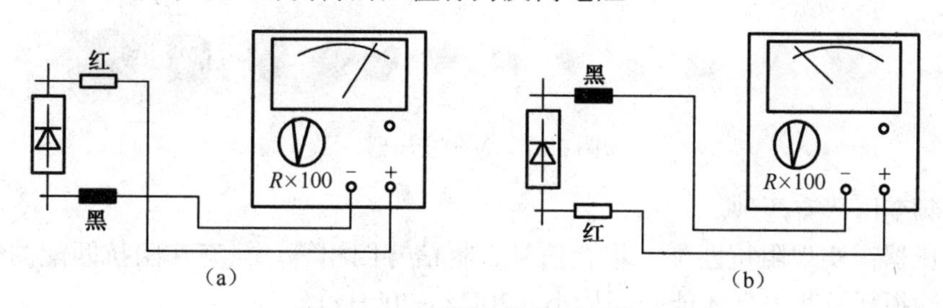

（a）　（b）

图 2.20　用万用表检测二极管

正常的二极管测得的正、反向电阻应相差很大。正向电阻一般为几百欧至几千欧，而反向电阻一般为几十千欧至几百千欧。

（3）测得电阻值为 0 时，将二极管的两端或万用表的两个表笔对调位置，如果测得的电阻值仍为 0，则表明该二极管内部短路，已经损坏。

（4）测得电阻值为无穷大时，将二极管的两端或万用表的两个表笔对调位置，如果测得的电阻值仍为无穷大，则表明该二极管内部开路，已经损坏。

（二）识别并检测变压器

1. 各种变压器的类型与特点

变压器也是一种电感器。变压器是利用两个电感线圈靠近时的互感应现象工作的，在电路中可以起到电压变换和阻抗变换的作用，是电子产品中十分常见的元器件。各种变压器如图 2.21 所示。

图 2.21　各种变压器

（1）低频变压器有两种。

音频变压器：实现阻抗匹配、耦合信号、将信号倒相等，只有在阻抗匹配的情况下，音频信号的传输损耗及其失真才能降到最小（20Hz～20kHz）。

电压变压器：将 220V 交流电压升高或降低，变成所需的各种交流电压。

（2）中频变压器是超外差式收音机和电视机中的重要元器件，又称中周。

2. 变压器的简单检测

变压器可以使用万用表电阻挡进行检测：一是检测绕组线圈的通断，二是检测绕组线圈之间的绝缘电阻，三是检测绕组线圈与铁芯之间的绝缘电阻。

任务 2.2.2　安装稳压电源

（一）安装稳压电源主板电路

（1）根据原理图，依次将电阻、电容、二极管、稳压管、三极管等插装并焊接，如图 2.22（a）所示。插装的时候先插同一高度的元器件，插好同一高度的就要先将其焊接，以免不同高度翻转后元器件会掉落。三极管插的时候要与电路板上的图标 a 与 a、b 与 b、c

与 c 一一对应。

（2）焊接的时候用一块海绵先将元器件压住，将电路板翻转至铜箔面朝上，用 25W 电烙铁将锡脚焊接，如图 2.22（b）所示。

（3）用斜口钳或锋钢剪刀将锡脚剪掉，注意保持留平，如图 2.22（c）所示。

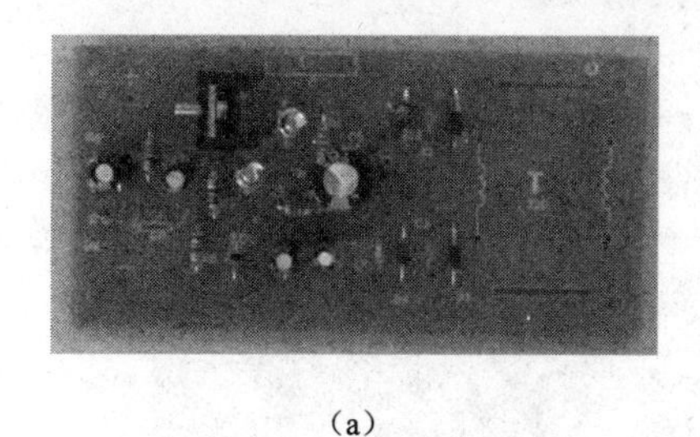
（a）

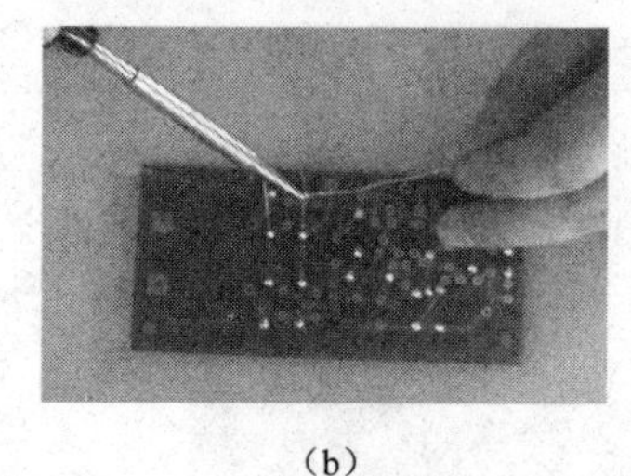
（b）

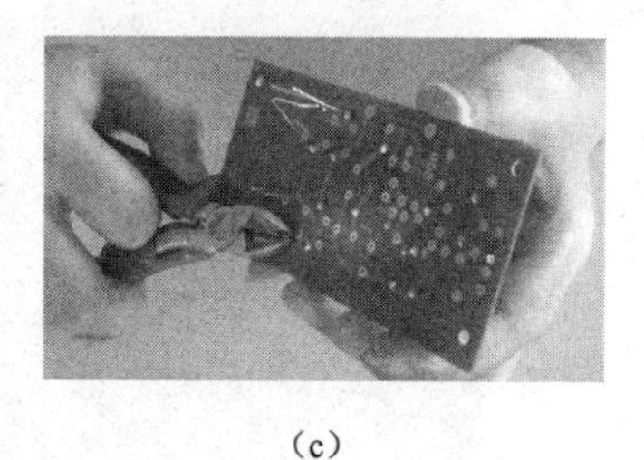
（c）

图 2.22 安装稳压电源主板

（二）安装变压器、熔断器和 LED

（1）安装变压器如图 2.23 所示。

图 2.23 安装变压器

（2）安装熔断器如图 2.13 所示。
（3）安装 LED 指示灯如图 2.14 所示。

（三）安装前、后面板及其相关零件

前、后面板及其相关零件如图 2.24 所示。

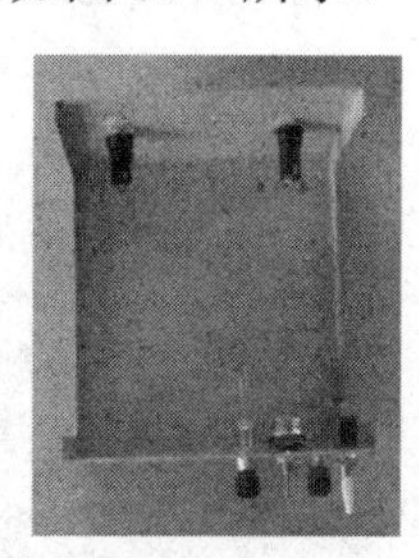

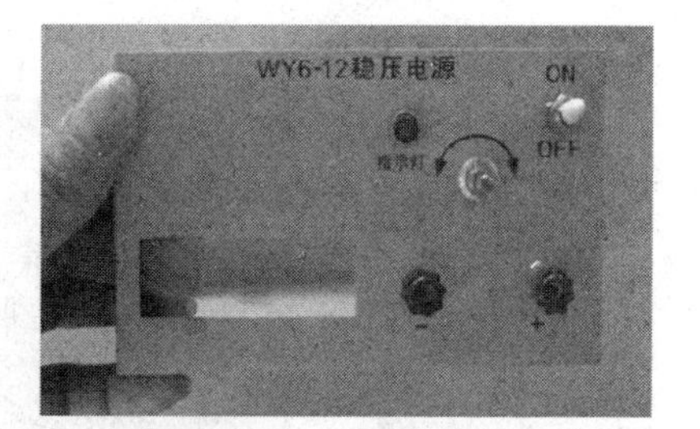

图 2.24 前、后面板及其相关零件

（四）安装直流电压表头等

安装直流电压表头如图 2.25 所示。

（1）安装前面板表头，注意贴紧。

（2）电源线穿过来之后要先打个结，然后用铁片固定。

（3）按图焊接线，焊线之前要先套绝缘套管，避免短路。

（4）变压器红色线，一根接到背后的熔断器，一根接到电源线。

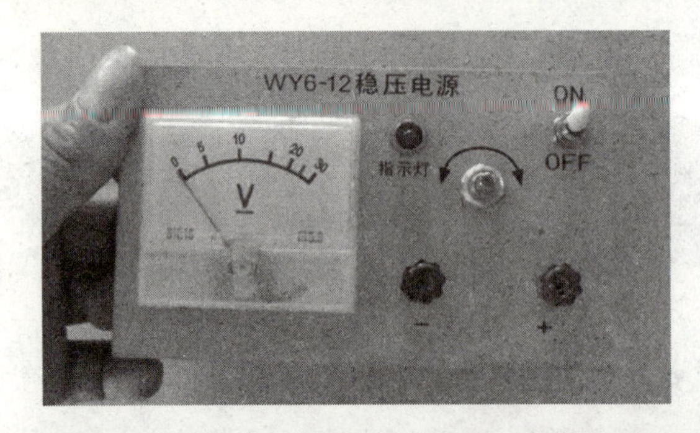

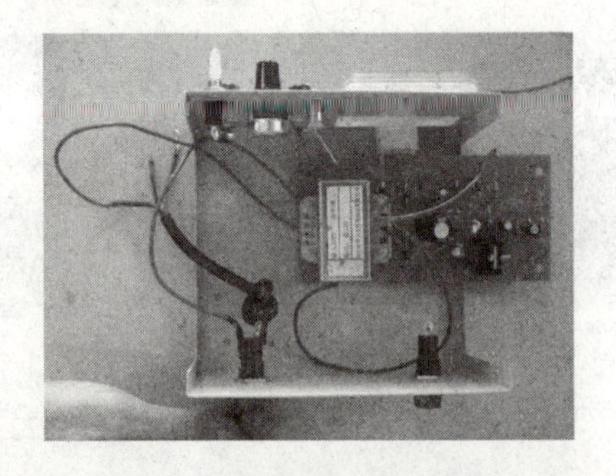
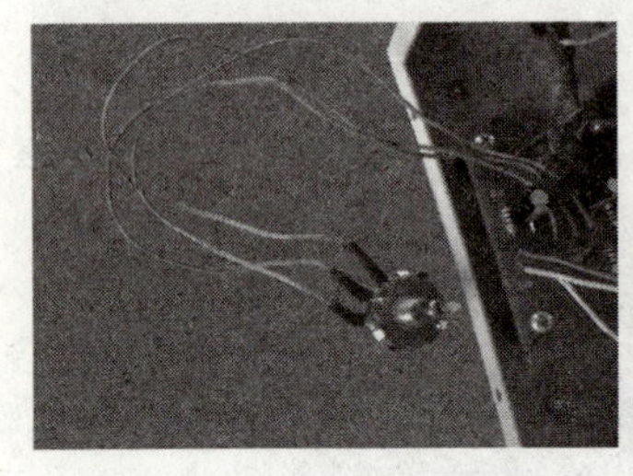
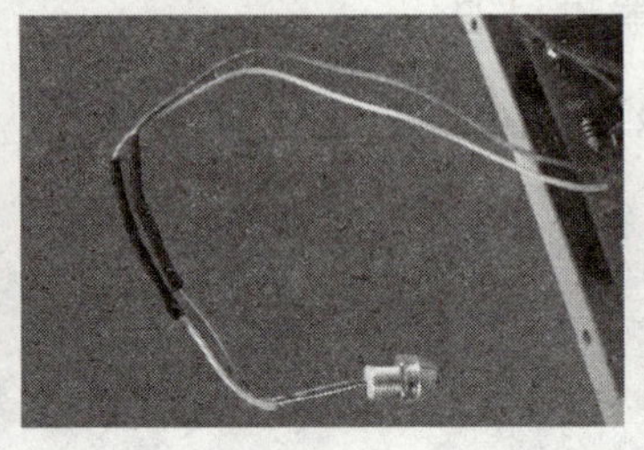
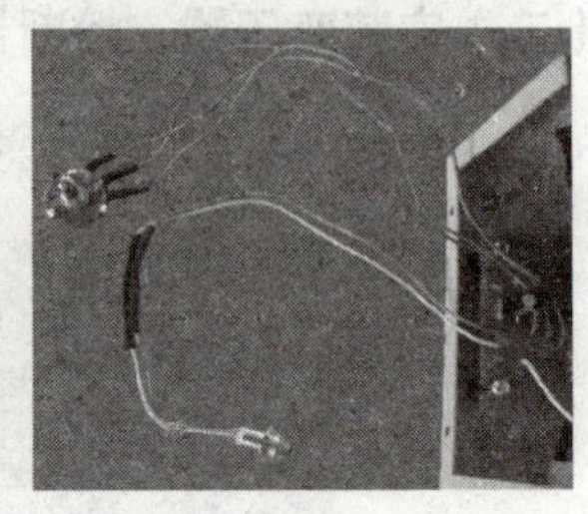

图 2.25　安装直流电压表头

（五）安装接线柱、底座等，并正确连线

1. 安装接线柱

（1）焊接表头线，表头线两根各接一根到接线柱上，没有极性。

（2）拿出两个焊片，分别将白色和黄色线及绿色和黄色线焊接到焊片上，套上绝缘套管。

（3）黑色接线柱接白色线到电路板的“-”，红色接线柱接绿色线到电路板“+”，注意不要接反。

（4）再将焊接好的焊片接到接线柱上，如图 2.26（a）所示。

（5）找到电路板 C 位置，按图 2.26（b）所示焊接黄色线和黑色线，注意位置，不可以错位。

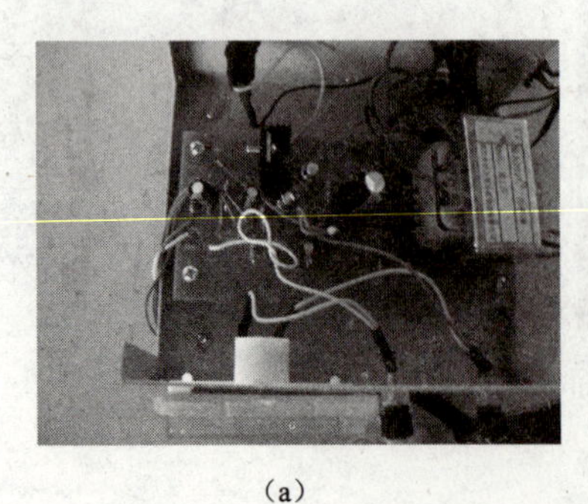

（a）

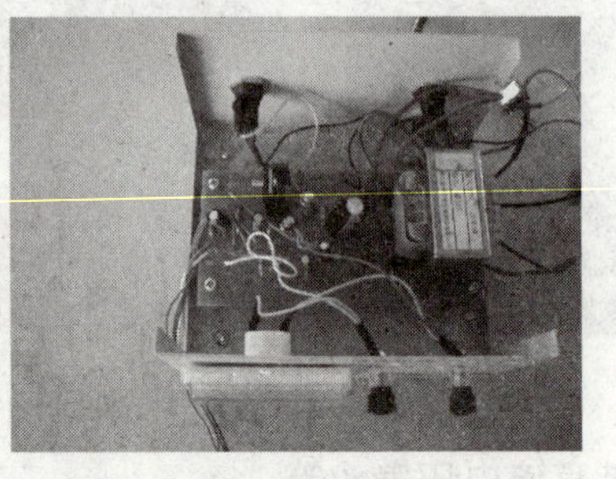

（b）

图 2.26　安装接线柱

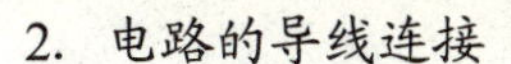

2. 电路的导线连接

电路的导线连接如图 2.27 所示。

（1）变压器的蓝色线焊接在电路板上对应的位置。

（2）再拿出一根蓝色线，一头接到电源线，一头焊接到开关 1 脚。

（3）再用一根黑色线，一头焊接到熔断器，一头焊接到开关 2 脚。

（4）一定注意，所有线焊接之前一定要套上绝缘套管，要保证每根线的接头处都有绝缘套管。

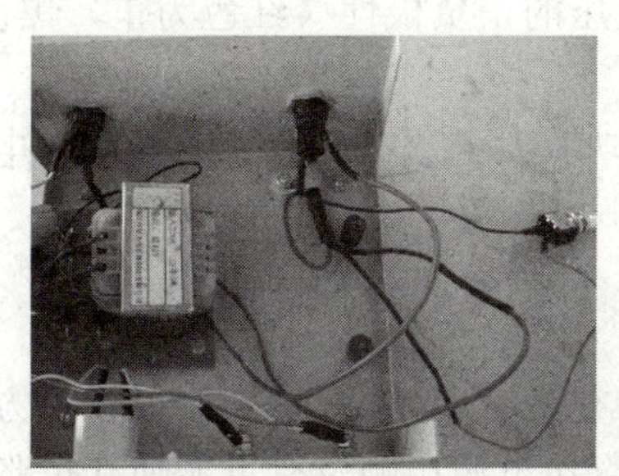

图 2.27 电路的导线连接

3. 底座固定

将底座分别用螺钉和橡胶脚固定，如图 2.28 所示。

WY6-12V 稳压电源整机如图 2.29 所示。

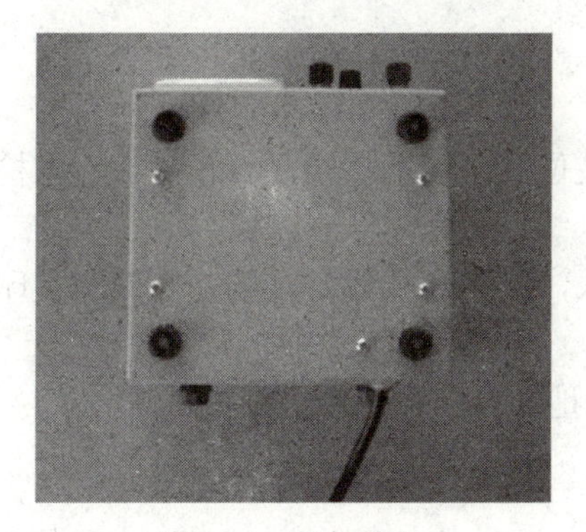

图 2.28 底座固定

图 2.29 WY6-12V 稳压电源整机

2.3 检测与检修

任务 2.3.1 检测稳压电源电路

（一）仔细复核，不打开电源，准备检测

（1）全部装配工作完成后，必须再仔细复核，确信准确无误后才可进入检测。

（2）通电检测前必须把电源开关位于断的位置，再插上交流电源插头。

（二）接通电源，检测输出电压的大小和极性

（1）把电压调节电位器拧到中间位置，再打开电源开关，观察电压表读数，在6～12V范围内为正常。否则，要立即切断电源进行检查。

（2）接着可持续地把电压调节电位器分别向两端调节，此时电压表读数应平滑地在6～12V范围内变化。

（3）再把电压表的读数调整到9V位置，用万用表（或其他直流电压表）的相应直流电压挡位从两个输出端子测量其电压值和输出电压的正负极性（红色为正，黑色为负），由此判断是否相符。

（4）上述检测完成后，可把预先准备好的功率大于3W、阻值为30Ω的电阻性负载瞬时和输出两端接触，观察其输出电压的变化值。

（三）检测注意事项

（1）在以上几个步骤的检测中如果发现异常情况，应先检查，排除故障后方可进行检测。

（2）在检测过程中切勿和220V交流发生直接电源接触及有可能使其短路的行为，以确保人身安全。

任务2.3.2　检修稳压电源电路

（一）通电前的检查

通电前应先对照电路图按顺序检查一遍。

（1）检查每个元器件的规格、型号、数值、安装位置、引脚接线是否正确，着重检查电源线、变压器连线是否正确可靠。

（2）检查每个焊点是否有漏焊、连焊和虚锡现象，线头和焊锡等杂物是否残留在印制电路板上。

（3）检查调试所用仪器仪表是否正常，清理好场地和台面，以便进行调试。

（二）静态调试

通电后，不要急于调试，先要用眼看、用鼻闻，观察有无异常现象。如果出现元器件冒烟、有焦味等异常现象，要及时中断通电，等排除故障后再通电调试。

稳压电源输出端负载开路，断开保护电路，接通12V工频电源，测量整流电路输入电压U_2、滤波电路输出电压U_I（稳压器输入电压）及输出电压U_0。调节电位器RP，观察U_0的大小和变化情况，如果U_0能跟随RP的变化线性变化，则说明稳压电路各反馈环路工作基本正常。若不正常，则说明稳压电路有故障。因为稳压电源是一个深度负反馈的闭环系统，只要环路中任一个环节出现故障（某管截止或饱和），稳压器就会失去自动调节作用。此时可分别检查基准电压U_Z、输入电压U_I、输出电压U_0，以及比较放大器和调整管各电极的电位（主要是U_{BE}和U_{CE}），分析它们的工作状态是否都处在线性区，从而找出不能正常工作的原因。排除故障以后就可以进行下一步调试。

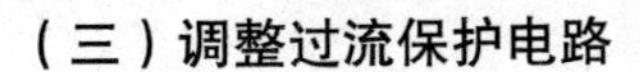

（三）调整过流保护电路

（1）断开工频电源，接上保护电路，再接通工频电源，调节 RP 及 R_L 使 U_0=10V，I_0 小于 500mA，此时保护电路应不起作用。测出 VT_3 各极电位值。

（2）减小 R_L，使 I_0 增大到大于 600mA，电流逐渐增大到一定数值（700mA）后不再增大（保护电路起作用）。观察 U_0 是否下降，并测出保护电路起作用时 VT_3 各极电位值。注意维持时间应短，不超过 5s，以免滑动变阻器烧坏。若保护电路起作用过早或滞后，则可改变 R_2 进行调整。

（3）用导线瞬时短接一下输出端，测量 U_0，然后去掉导线，检查电路是否能自动恢复正常工作。

任务评价

1. 学习情境 2 的评价表

学习情境 2 的评价表如表 2.4 所示。

表 2.4　学习情境 2 的评价表

任务序号	配　分	得　分
2.1.1	5	
2.2.1	15	
2.2.2	60	
2.3.1	20	
合计	100	

2. 任务 2.1.1 的评价表

任务 2.1.1 的评价表如表 2.5 所示。

表 2.5　任务 2.1.1 的评价表

操作内容	评价标准	评分标准	配　分
电烙铁的种类与规格	电烙铁的种类、规格与焊接的产品相适应	种类或规格不适用扣 3 分	3
烙铁头的形状	烙铁头的形状符合焊接产品焊点的要求	烙铁头的形状不符合焊点的要求扣 2 分	2
电烙铁的电源线	电源线无破损、安装牢固	电源线破损、安装松动扣 5 分	
电烙铁的可靠性、安全性	电烙铁通电后正常工作	通电后不热或安全隐患漏查扣 5 分	
小　计			5

3. 任务 2.2.1 的评价表

任务 2.2.1 的评价表如表 2.6 所示。

表 2.6　任务 2.2.1 的评价表

操作内容	评价标准	评分标准	配分
识别元器件的类型	能够准确判断元器件的类型	元器件的类型判断错误扣 1 分	5
判断元器件的质量，识读元器件	能够判断元器件的好坏，读出元器件数值	好坏误判或数值读错扣 1 分	5
判断元器件的极性，测量元器件的参数	用万用表判断元器件的极性，测量元器件的参数	极性判断错误或测量元器件参数错误扣 1 分	5
小　计			15

4. 任务 2.2.2 的评价表

任务 2.2.2 的评价表如表 2.7 所示。

表 2.7　任务 2.2.2 的评价表

操作内容	评价标准	评分标准	配分
元器件清点、检测	清点全部配套元器件，用万用表检测元器件的质量	元器件短缺每件扣 1 分，元器件质量误判每件扣 1 分	10
元器件引脚成形、镀锡	元器件引脚成形加工尺寸符合工艺要求，引脚镀锡符合工艺要求	基板成品检验时发现加工尺寸、整形折弯、镀锡不符合工艺要求每件扣 1 分	10
印制电路板插件	元器件安装位置正确，元器件极性安装正确，安装方式正确	元器件漏装、错装、极性装反每件扣 2 分	20
印制电路板焊接	无漏焊、连焊、虚焊，焊点光滑、无毛刺	每个不良焊点扣 1 分，此项最多扣 20 分	20
小　计			60

5. 任务 2.3.1 的评价表

任务 2.3.1 的评价表如表 2.8 所示。

表 2.8　任务 2.3.1 的评价表

操作内容	评价标准	评分标准	配分
功能单元板通电检查	功能单元板通电后电压正常	功能单元板加不上电源扣除全部配分 20 分 有短路现象扣除全部配分 20 分	10
基本功能检查、电气指标检测	具备基本功能，关键点电压值准确，电气指标合格	基本功能不具备扣除 10 分 关键点电压值不准确每处扣 5 分 主要电气指标不合格一项扣 5 分	10
小　计			20

第二部分

电子设备装接工中级工实训项目

学习情境3

DT-830B数字万用表的装调

任务要求

1. 制作线扎

（1）正确选用工具。

（2）合理剪裁导线，剥头长度要适当，多股导线应捻头、浸锡。

（3）按照线扎图正确制作线扎。

（4）安全用电，执行文明生产规定。

2. 安装数字万用表

（1）备齐装配此功能单元所需要的工具。

（2）正确进行元器件的插装。

（3）正确焊接印制电路板。

（4）正确进行无锡连接及部件的安装。

（5）安全用电，检查防静电措施，执行文明生产规定。

3. 检测已装万用表的质量

（1）备齐工具、焊料、助焊剂等。

（2）正确操作仪器仪表。

（3）准确定位压接、螺接、铆接的不足，并进行修正。

（4）完成元器件、导线等的检查及修正。

（5）安全用电，检查防静电措施，执行文明生产规定。

4. 编制已装万用表的装配工艺

（1）准确分析待装单元。

（2）正确安排安装步骤。

（3）正确绘制装配工艺流程图。

任务分解

3.1　工艺准备

任务实施

3.1 工艺准备

任务 3.1.1　制作线扎

电子设备系统、分系统之间电气连接用的连接电缆，是由各种绝缘电线、屏蔽线和电连接器组成的。由于很多电缆工作在电子机箱、机柜的外面，没有固定安装，易受各种机械损伤，破坏电气连接，因此电缆装配有其特殊要求。

（一）线扎的走线要求

电子设备的电气连接主要依靠各种规格的导线来实现。在一些较复杂的电子设备中，连接的导线多且复杂，如果不加任何整理，就会显得十分混乱，既不美观也不便于查找。为了简化装配结构，减少占用空间，便于检查、测试和维修等，常常在产品装配时，将相同走向的导线绑扎成一定形状的线扎（又称线把、线束）。采用这种方式，可以将布线和产品装配分开，便于专业生产，减少错误，从而提高整机装配的安装质量。

（1）不要将信号线和电源线捆绑在一起，以防止信号相互干扰。

（2）输入、输出的导线不要排在一个线扎内，以防止信号回授。若必须排在一起，则应使用屏蔽导线。射频电缆不排在线扎内，应单独走线。

（3）线扎不要形成回路，以防止磁力线通过环形线产生磁、电干扰。

（4）接地点应尽量集中在一起，以保证它们是可靠的同位地。

（5）线扎应远离发热体并且不要在元器件上方走线，以免发热元器件破坏导线绝缘层及增加更换元器件的难度。

（6）尽量走最短距离的路线，转弯处取直角并尽量在同一平面内走线。

（二）扎制线扎的要领

（1）扎线前，应先确认导线的根数和颜色，以防止扎制时遗漏导线，同时便于检查线扎的错误。

（2）线扎拐弯处的半径应比线扎直径大 2 倍以上。

（3）导线长短要合适，排列要整齐。从线扎分支处到焊点间应有 10～30mm 的余量。扎制导线时不要拉得过紧，以免因振动将导线或焊盘拉断。

（4）不能使受力集中在一根导线上。多根导线扎制时，如果只用力拉其中的一根线，力量就会集中在导线的细弱处，导线就可能被拉断。另外，当力量集中在导线的连接点时，可能会造成焊点脱裂或拉坏与之相连的元器件。

（5）扎线时松紧要适当。太紧可能损伤导线，同时也造成线扎僵硬，使导线容易断裂。太松会失去线扎的效果，造成线扎松散或不挺直。

（6）线扎的绑线节或扎线搭扣应排列均匀整齐。两个绑线节或扎线搭扣之间的距离 L 应根据整个线扎的外径 D 来确定，如表 3.1 所示。绑线节或扎线搭扣应放在线扎下面不容易看见的背面。

表 3.1　绑扎间距与线扎外径的关系表

线扎外径 D（mm）	绑扎间距 L（mm）	线扎外径 D（mm）	绑扎间距 L（mm）
<8	10～15	15～30	25～40
8～15	15～25	>30	40～60

（三）线扎图

线扎图是按线扎比例绘制的，包括线扎视图和导线数据表及附加的文字说明等。实际制作时，要按图放样制作胎模具，如图 3.1 所示。

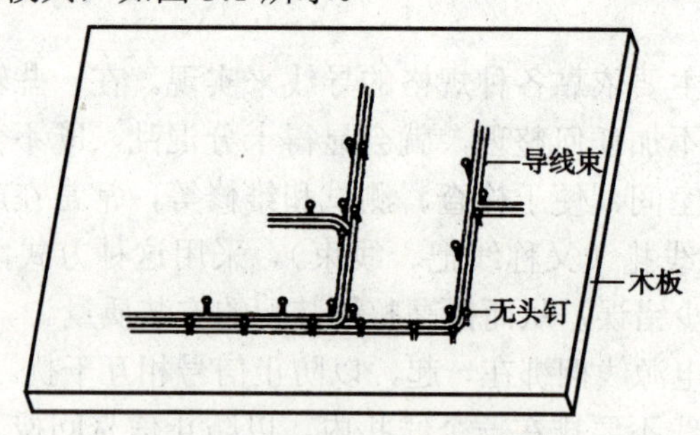

图 3.1　制作线扎的配线板

（四）线扎的分类

线扎有软线扎和硬线扎两种，由产品的结构和性能决定。

1. 软线扎

软线扎一般用于产品中各功能部件之间的连接，由多股导线、屏蔽线、套管及接线连接器等组成，一般无须捆扎，只要按导线功能进行分组，将功能相同的线用套管套在一起即可。图 3.2 所示为某软线扎的外形图。图 3.3 和表 3.2 是图 3.2 所示软线扎的接线图和接线表，它们确切地表述出线扎的所有参数。

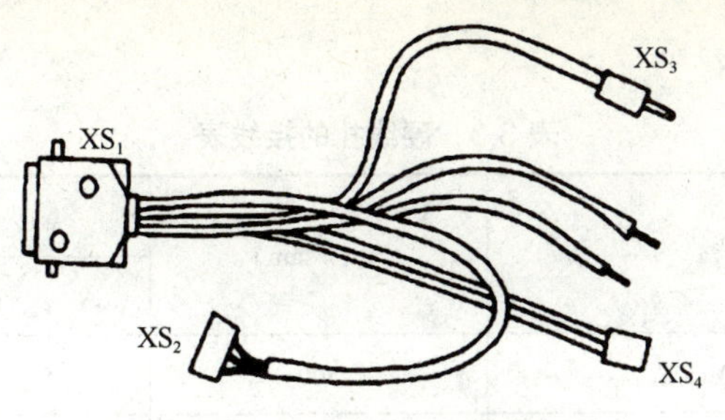

图 3.2　某软线扎的外形图

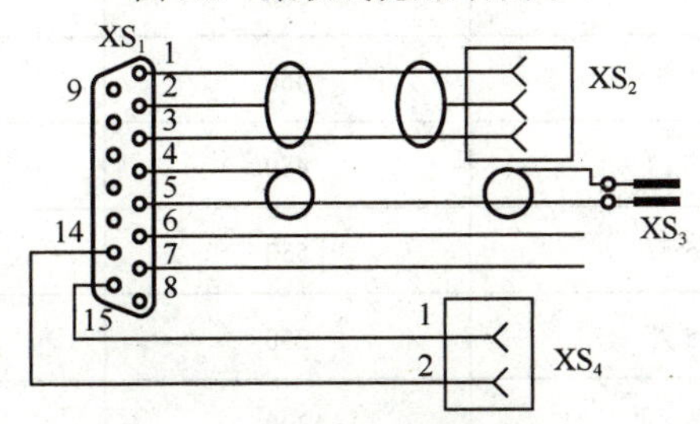

图 3.3　软线扎的接线图

表 3.2　软线扎的接线表

编　号	线　材	长度（mm）	颜　色	起	止	备　注
1	RVVP2×7/0.12	80	黑	$XS_1-1,2,3$	$XS_2-1,2,3$	二芯屏蔽线
2	RVVP1×7/0.12	85	黑	$XS_1-4,5$	XS_3	单芯屏蔽线
3	AVR1×12/0.18	70	红	$XS_1-6,7$		塑胶线
4	AVR1×12/0.18	70	黄	$XS_1-6,7$		塑胶线
5	AVDR2×7/0.12	70	灰	$XS_1-14,15$	$XS_4-1,2$	扁平线

2. 硬线扎

硬线扎多用于固定产品零部件之间的连接，特别是在机柜式设备中使用较多。它是按产品需要将多根导线捆扎成固定形状的线束，这种线扎必须有实样图，如图 3.4 所示，对应的接线表如表 3.3 所示。

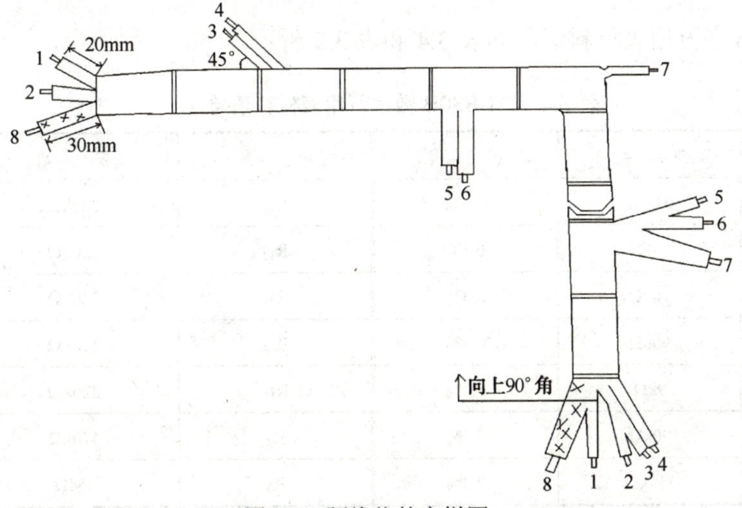

图 3.4　硬线扎的实样图

表 3.3　硬线扎的接线表

编　号	规　格	长度（mm）	剥头长度（mm）		数　量
			A　端	B　端	
1	ASTVR1×0.15 蓝	500	5	10	1
2	ASTVR1×0.15 红	500	5	10	1
3	ASTVR1×0.15 黑	450	5	10	1
4	ASTVR1×0.15 白	450	5	10	1
5	ASTVR1×0.15 蓝	550	5	10	1
6	ASTVR1×0.15 红	350	5	10	1
7	ASTVR1×0.15 白	300	5	10	1
8	AVRP2×0.3 黑	500	10	20	1

说明：ASTVR——纤维聚氯乙烯绝缘安装线；AVRP——聚氯乙烯绝缘屏蔽安装软线。

任务 3.1.2　准备工具

准备常用电子组装工具一套：电烙铁、旋具（一字、十字的大、小旋具各一把）、尖嘴钳、剪刀、镊子、钩针、通针等。

任务 3.1.3　准备材料

（一）材料清单

DT-830B 数字万用表材料清单如表 3.4 和表 3.5 所示。

表 3.4　DT-830B 数字万用表材料清单（一）

标　号	参　数	精　度	标　号	参　数	精　度
R_{10}	0.99Ω	0.5%	R_{19}	220kΩ	5%
R_8	9Ω	0.3%	R_{12}	220kΩ	5%
R_{20}	100Ω	0.3%	R_{13}	220kΩ	5%
R_{21}	900Ω	0.3%	R_{14}	220kΩ	5%
R_{22}	9kΩ	0.3%	R_{15}	220kΩ	5%
R_{23}	90kΩ	0.3%	R_2	470kΩ	5%
R_{24}	117kΩ	0.3%	R_3	1MΩ	5%

续表

标号	参数	精度	标号	参数	精度
R_{25}	117kΩ	0.3%	R_{32}	2kΩ	20%
R_{35}	117kΩ	0.3%			
R_{26}	274kΩ	0.3%	C_1	100pF	
R_{27}	274kΩ	0.3%	C_2	100nF	
R_5	1kΩ	1%	C_3	100nF	
R_6	3kΩ	1%	C_4	100nF	
R_7	30kΩ	1%	C_5	100nF	
R_{30}	100kΩ	5%	C_6	100nF	
R_4	100kΩ	5%			
R_1	150kΩ	5%	VD_3	1N4007	
R_{18}	220kΩ	5%	VT_1	9013	

表 3.5 DT-830B 数字万用表材料清单（二）

类别	名称	数量	类别	名称	数量
表壳部分	表壳前、后盖	各 1 个	袋装部分	电池扣	1 个
	液晶片	1 片		导电胶条	2 个
	液晶片支架	1 个		滚珠	2 个
	转换开关	1 个		定位弹簧 2.8×5	2 个
	屏蔽膜	1 张		接地弹簧 4×13.5	1 个
	功能面板（已装好）	1 个		2×6 自攻螺钉（固定电路板）	3 个
电路板部分	ICL7106（已装好）	1 片		5×9 自攻螺钉（固定底壳）	2 个
	表笔插孔柱	3 个		电位器 221（RP）	1 个
袋装部分	熔断器及卡座	1 套		康铜丝电阻（R_9）	1 个
	hFE 插座	1 个	附件	表笔	1 付
	V 形触片	6 个		安装说明	1 张
	9V 电池	1 个		电路图	1 张

（二）元器件质量检查

识读本情境所需各元器件，用万用表测量其数值，并判断元器件的质量，填写表 3.6。

表 3.6 元器件检测记录表

标号	标称值		实测值	标号	标称值		实测值
R_{10}	0.99Ω	0.5%		R_{19}	220kΩ	5%	
R_8	9Ω	0.3%		R_{12}	220kΩ	5%	
R_{20}	100Ω	0.3%		R_{13}	220kΩ	5%	

续表

标　号	标 称 值		实 测 值	标　号	标 称 值		实 测 值
R_{21}	900Ω	0.3%		R_{14}	220kΩ	5%	
R_{22}	9kΩ	0.3%		R_{15}	220kΩ	5%	
R_{23}	90kΩ	0.3%		R_2	470kΩ	5%	
R_{24}	117kΩ	0.3%		R_3	1MΩ	5%	
R_{25}	117kΩ	0.3%		R_{32}	2kΩ	20%	
R_{35}	117kΩ	0.3%					
R_{26}	274kΩ	0.3%		C_1	100pF		
R_{27}	274kΩ	0.3%		C_2	100nF		
R_5	1kΩ	1%		C_3	100nF		
R_6	3kΩ	1%		C_4	100nF		
R_7	30kΩ	1%		C_5	100nF		
R_{30}	100kΩ	5%		C_6	100nF		
R_4	100kΩ	5%					
R_1	150kΩ	5%		VD_3	1N4007		
R_{18}	220kΩ	5%		VT_1	9013		

任务 3.1.4　识读技术文件

（一）识读设计文件

1. 原理框图

DT-830B 数字万用表的工作原理框图如图 3.5 所示，它由功能与量程转换开关选择器、交流整流电路、电阻转换电路、电流分流器、分压器、模数（A/D）转换器、液晶显示屏（简称液晶屏）等部分组成。其中，A/D 转换器采用典型数字集成电路 ICL7106，已固化在电路板上；配 3 位半（3½位）液晶显示屏；表内使用一个电位器来调节精度；一节 9V 电池用作电源；功能与量程转换开关也用作电源开关。

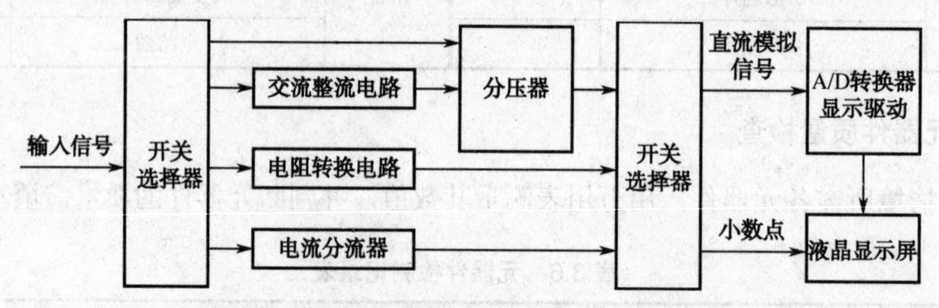

图 3.5　DT-830B 数字万用表的工作原理框图

2. 电路原理图

DT-830B 数字万用表电路原理图如图 3.6 所示。

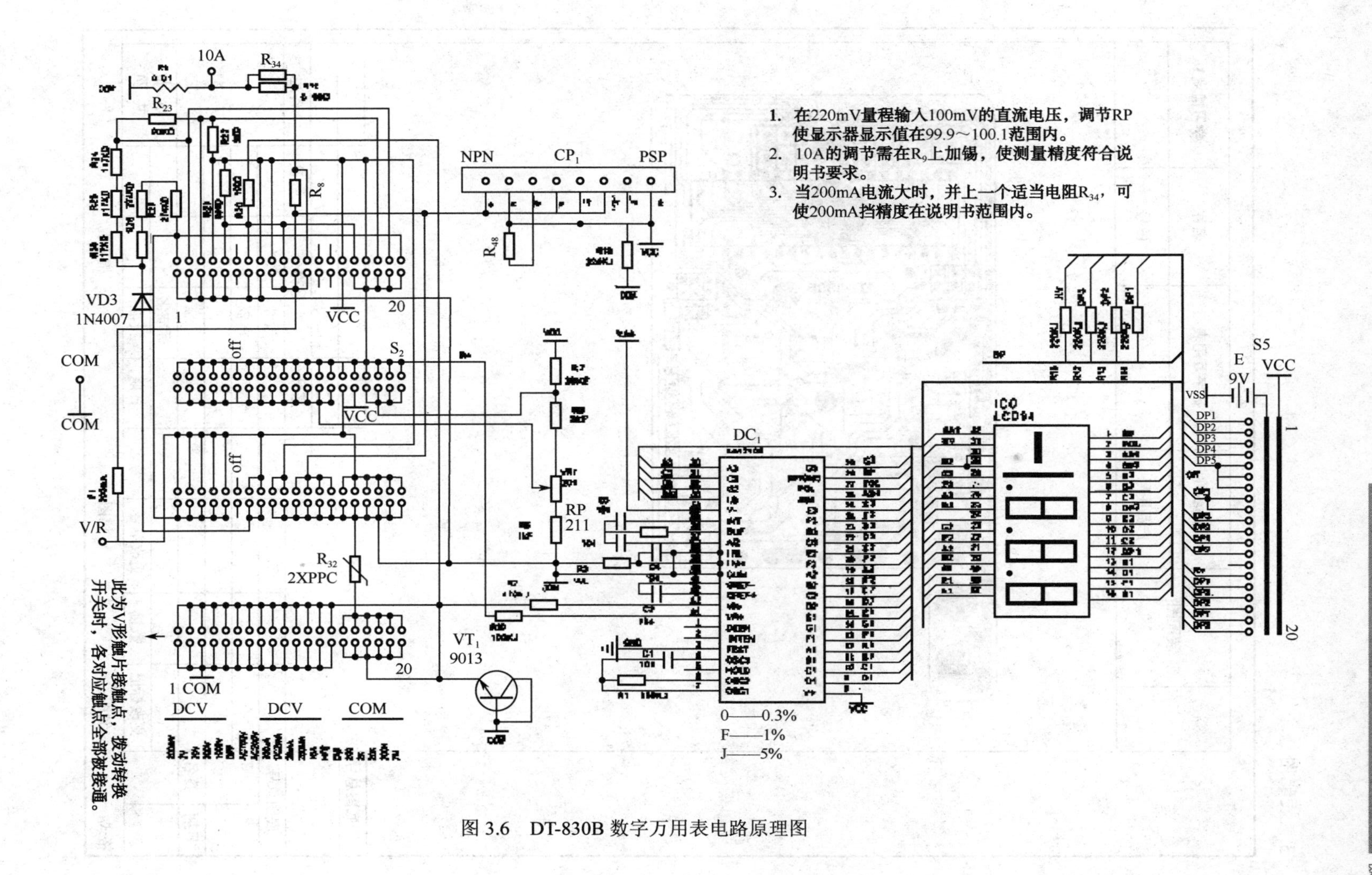

图 3.6 DT-830B 数字万用表电路原理图

3. 装配图

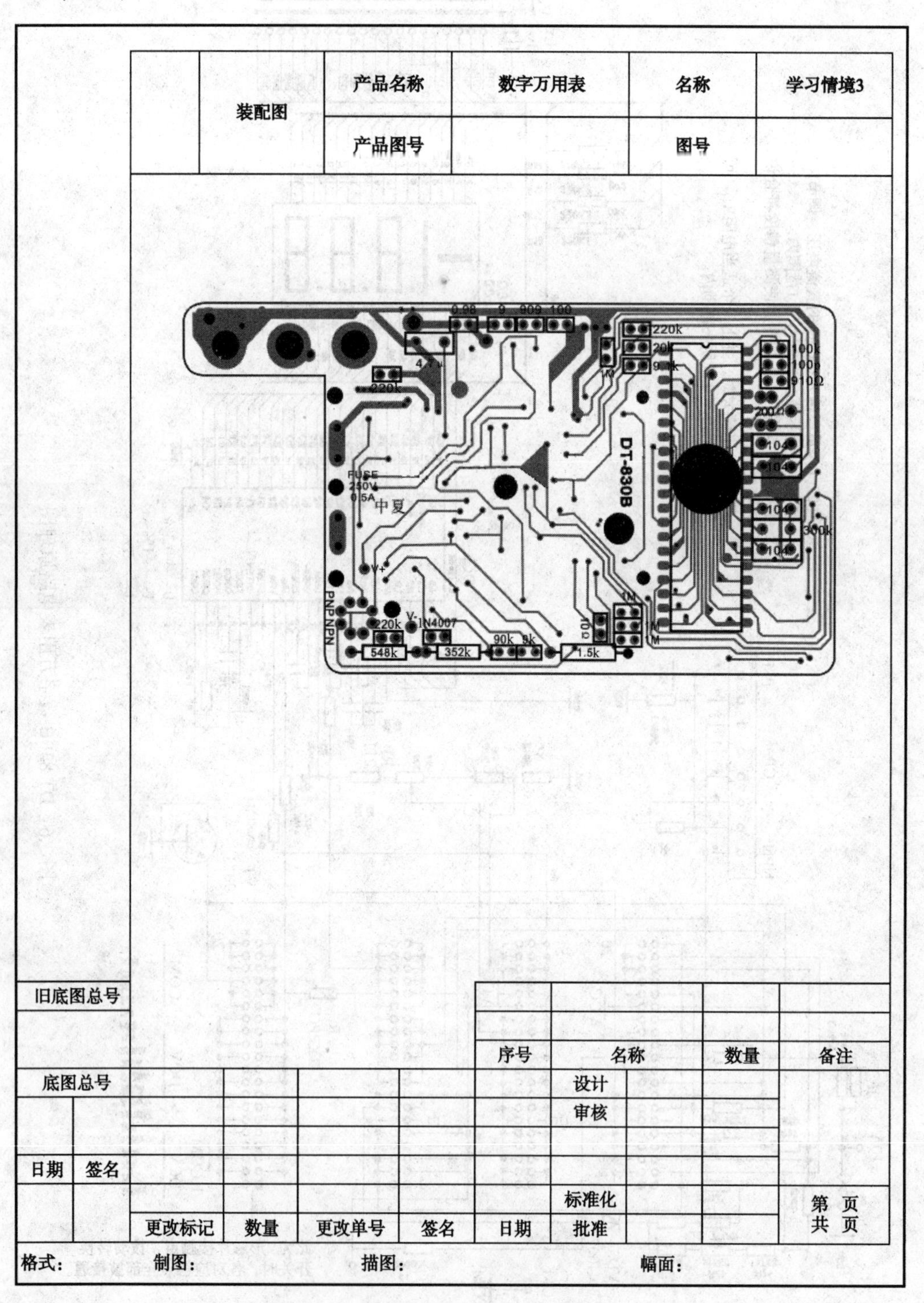

	装配图	产品名称	数字万用表	名称	学习情境3
		产品图号		图号	

旧底图总号						序号	名称	数量	备注
底图总号							设计		
							审核		
日期	签名								
							标准化		第　页
		更改标记	数量	更改单号	签名	日期	批准		共　页

格式：　制图：　描图：　幅面：

4. 印制电路板图

	印制电路板图	产品名称	数字万用表	名称	学习情境3
		产品图号		图号	

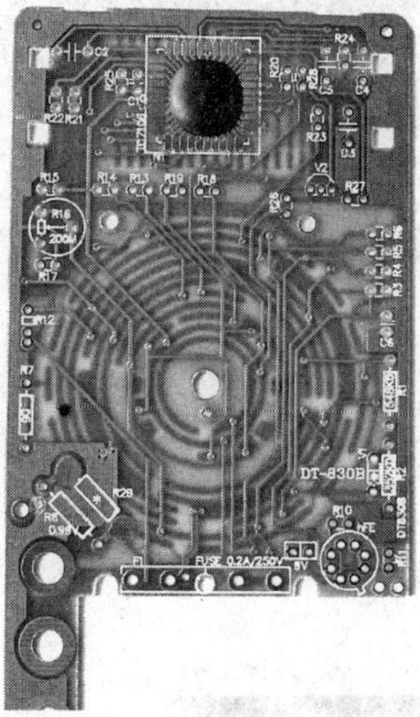

元器件面

焊接面

旧底图总号							
				序号	名称	数量	备注
底图总号					设计		
					审核		
日期	签名						
					标准化		第 页 共 页
	更改标记	数量	更改单号	签名	日期	批准	

格式： 制图： 描图： 幅面：

5. 安装好的 DT-830B 数字万用表主板图

安装好的 DT-830B 数字万用表主板图如图 3.7 所示。

图 3.7　DT-830B 数字万用表主板图

6. DT-830B 数字万用表外形图

DT-830B 数字万用表外形图如图 3.8 所示。

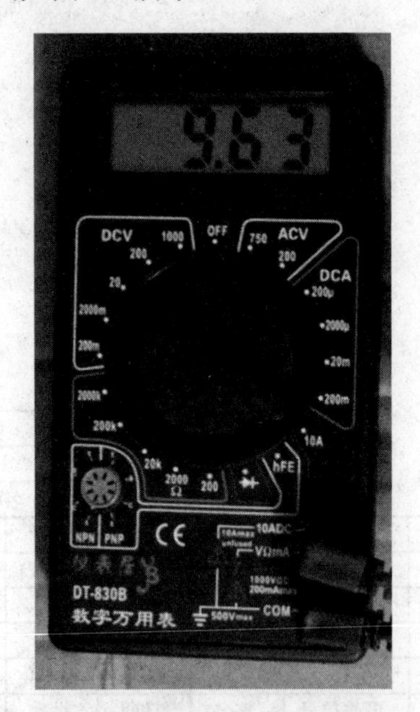

图 3.8　DT-830B 数字万用表外形图

（二）识读工艺文件

电子产品生产工艺文件包括工艺文件封面、工艺文件明细表、工艺流程图、装配工艺过程卡等。

1. 工艺文件封面

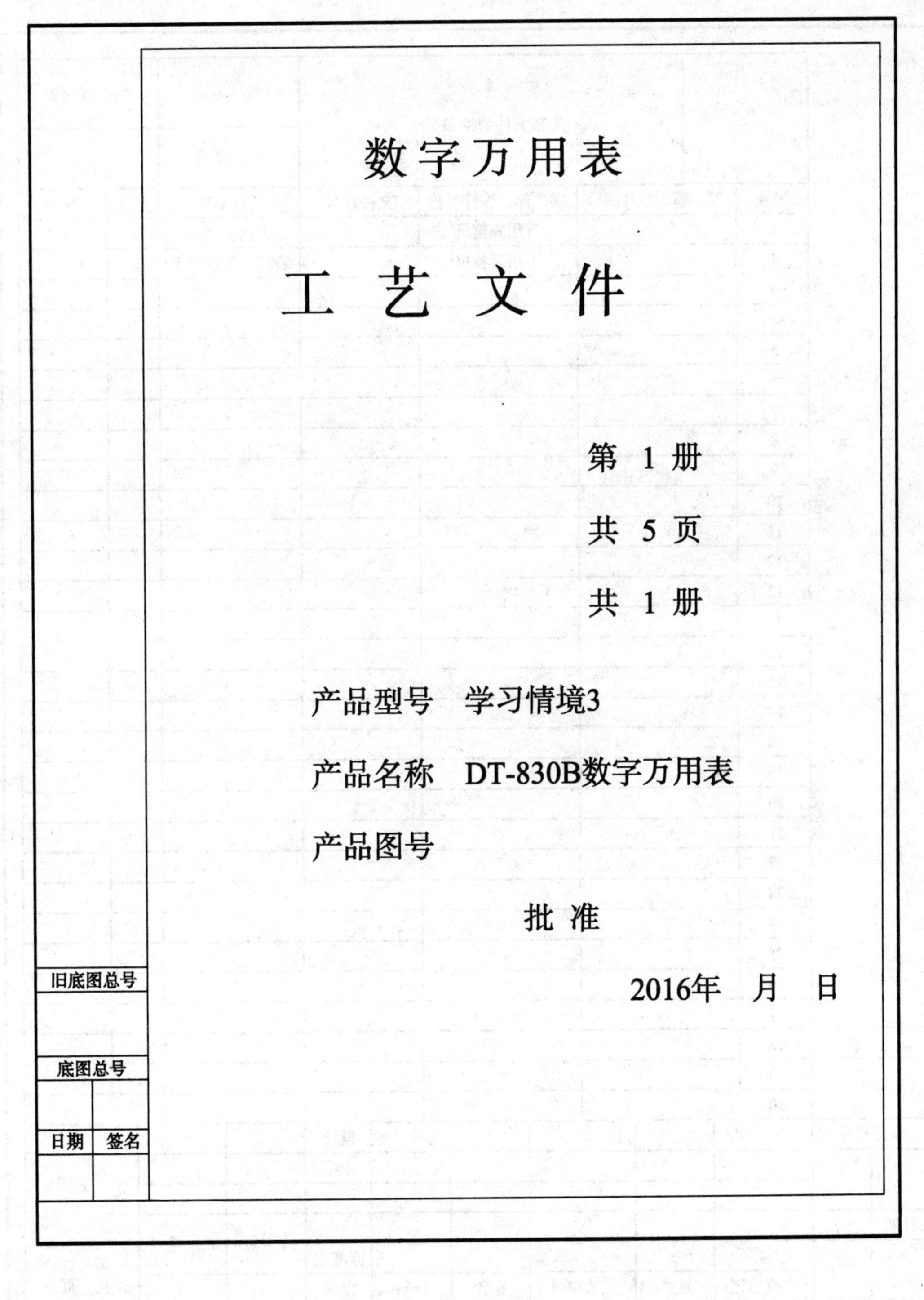

数字万用表

工 艺 文 件

第 1 册

共 5 页

共 1 册

产品型号 学习情境3

产品名称 DT-830B数字万用表

产品图号

批 准

2016年 月 日

旧底图总号	
底图总号	
日期	签名

2. 工艺文件明细表

	工艺文件明细表			产品名称	数字万用表	
				产品图号		
序号	零、部、整件图号	零、部、整件名称	文件代号	文件名称	页数	备注
1		万用表整机		工艺流程图	1	
2		万用表整机		装配工艺过程卡	2	
3						
4						
5						
6						
7						
8						
9						
10						
11						
12						
13						
14						
15						
16						
17						
18						
19						
20						
21						
22						
23						
24						
25						
26						
27						
28						
29						
30						

旧底图总号

底图总号							设计			
							审核			
日期	签名									
							标准化			第 页
		更改标记	数量	更改单号	签名	日期	批准			共 页

格式： 制图： 描图： 幅面：

3. 工艺流程图

工艺流程图	产品名称	数字万用表	名称	学习情境3
	产品图号		图号	

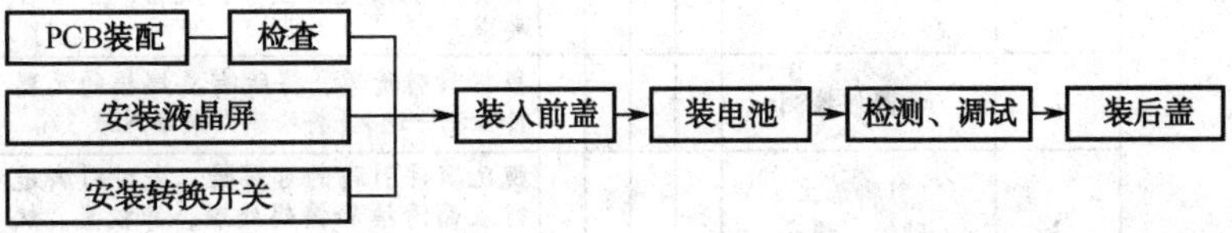

PCB装配 → 检查
安装液晶屏
安装转换开关
→ 装入前盖 → 装电池 → 检测、调试 → 装后盖

旧底图总号

底图总号						设计			
						审核			
日期	签名								
						标准化			第 页
		更改标记	数量	更改单号	签名	日期	批准		共 页

格式：　制图：　描图：　幅面：

4. 装配工艺过程卡

装配工艺过程卡		产品名称		数字万用表		名称	学习情境3	
		产品图号				图号		
装入件及辅助材料		数量	工作地	工序号	工种	工序内容及要求	设备及工装	工时定额
序号	代号、名称、规格							
1	备料					凭领料单向元器件库领取本工艺所需的元器件。根据材料清单，检查各元器件外观质量、型号、规格，应符合要求。		
2	元器件检测					根据材料清单，将所有要焊接的元器件检测一遍，并将检测结果填入表3.6。	万用表	
3	引脚加工（砂纸、焊锡、松香）					视元器件引脚的可焊性，先对引脚进行表面清洁和搪锡处理，并校直。然后，根据焊盘插孔和安装的要求弯折成所需要的形状。	尖嘴钳	
4	插装、焊接（焊锡、松香、凡士林、酒精）					按印制电路板装焊工艺，按电阻、电容、二极管、三极管，再电位器 RP、康铜丝电阻 R_9、熔断器卡座、屏蔽弹簧、电池线、hFE 插座等次序，进行插装、焊接。插件型号、位置应准确。	电烙铁	
						康铜丝电阻 R_9 要从元器件面插入印制电路板的相应的焊盘孔，在焊接面外露 2mm，两面焊接。两个熔断器卡座从元器件面插入印制电路板对应孔，确认熔断器卡座上的挡片朝外，两面焊接。将屏蔽弹簧焊接在印制电路板元器件面的焊盘上。		
						安装电池线时，将两根导线从焊接面穿过电源线孔，再从元器件面将红线和黑线分别插入 V+、V− 的焊盘孔，然后在焊接面焊接。		
						三极管hFE插座从印制电路板的焊接面插装，插座外围有一个定位凸条，该凸条要与表壳前盖上的凹槽相对应，在另一面焊接，焊接时间要短。		
						将表笔插孔细的一端从焊接面装入焊盘孔，两面焊接，焊锡要布满整个焊盘。		

旧底图总号								
底图总号						设计		
						审核		
日期	签名							
						标准化		第1页
		更改标记	数量	更改单号	签名	日期	批准	共2页

格式：　　制图：　　描图：　　幅面：

装配工艺过程卡		产品名称				数字万用表	名称	学习情境3
		产品图号					图号	
装入件及辅助材料			工作地	工序号	工种	工序内容及要求	设备及工装	工时定额
序号	代号、名称、规格	数量						
4	插装、焊接（焊锡、松香、凡士林、酒精）					用镊子将6个V形触片装到转换开关背面的6根筋条上。将转换开关正面朝上，在两个弹簧孔中放入一些凡士林，将两个定位弹簧分别装入孔内。	镊子	
						将液晶屏放入表壳前盖窗口内，白面向上，方向标记在右方；装入导电胶条固定架，平面向下；用镊子把导电胶条放入支架横槽。		
5	切脚					用偏口钳切脚，切脚应整齐、干净。	偏口钳	
6	总装（凡士林、酒精）					将两个滚珠涂抹少许凡士林，对称放置在表壳前盖的滚动槽中。然后，将转换开关的弹簧孔对准表壳上的滚珠放好。	镊子	
						先用酒精将印制电路板上的各引出电极擦拭干净，再使元器件面朝上，将前端插入表壳内的凸块下面，转换开关中心轴插入电路板定位孔，然后用3个螺钉紧固电路板。装好熔断器和电池。	旋具	
						将功能面板牌的衬底剥离并贴在前盖上。		
						将屏蔽膜贴在后盖内侧的中间位置。		
7	检测、调试					不连接测试表笔，转动转换开关，观察液晶屏显示的数字是否与表3.7所示一致。		
						用一台标准表和一节新的1.5V电池对本表进行校准。调试好后，扣上后盖，并用两个螺钉固定。至此，数字万用表组装完毕。	旋具	

旧底图总号								
底图总号						设计		
						审核		
日期	签名							
						标准化		第2页
		更改标记	数量	更改单号	签名	日期	批准	共2页

格式：　制图：　描图：　幅面：

3.2 安装要点与步骤

任务 3.2.1 安装要点

（一）印制电路板的安装

DT-830B 数字万用表印制电路板为双面板，电路板焊接面圆形的印制铜导线是万用表功能与量程转换开关的印制电路，它被划伤或有污迹，将对整机性能产生很大的影响，安装时必须要小心。

（二）液晶屏的安装

液晶屏组件由液晶片、导电胶条及固定架组成。液晶片镜面为正面，白色面为背面，透明条上可看到条状引出线，通过导电胶条与印制电路板上镀金印制导线实现电连接。由于这种连接靠表面接触导电，被污染或接触不良都会引起电路故障，表现为显示缺笔画或显示乱字符。安装时可用酒精将引出电极擦拭干净，并仔细对准引线位置。

（三）总装

（1）将两个滚珠涂抹少许凡士林，对称放置在表壳前盖的滚动槽中。然后，将转换开关的弹簧孔对准表壳上的滚珠放好。

（2）固定印制电路板。先用酒精将印制电路板上的各引出电极擦拭干净，再使元器件面朝上，将前端插入表壳内的凸块下面，转换开关中心轴插入电路板定位孔，然后用 3 个螺钉紧固电路板。

（3）装好熔断器和电池。

（4）将功能面板牌的衬底剥离并贴在前盖上，检查转换开关转动是否灵活及挡位是否准确。

（5）将屏蔽膜上的保护纸揭去，露出不干胶面，将其贴在后盖内侧的中间位置，扣上盖后该屏蔽膜应与印制电路板上的屏蔽弹簧相接触。注意：待检测、调试完毕后，再扣上后盖。

任务 3.2.2 安装步骤

（一）清点元器件

根据材料清单上面的参数和标号，把元器件的标号与主板上的标号一一对应，就知道元器件的安装位置，如图 3.9 所示。电阻器的两个焊接点近的用立式插装，两个焊接点远的用卧式插装。二极管注意插装方向（其负极与 R_{35} 连接）。三极管按图 3.9 所示插装即可。三极管的放大倍数测试插座的插装要与表壳前盖配套。

图 3.9 清点元器件

（二）安装主板

所有元器件焊接好后的主板如图 3.10 所示。

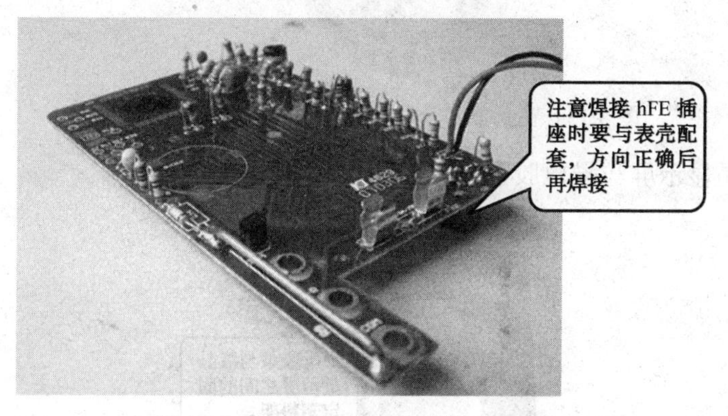

图 3.10 DT-830B 数字万用表主板图

（三）安装辅件

（1）在 DT-830B 数字万用表主板上安装防静电弹簧，如图 3.11 所示。

图 3.11 在 DT-830B 数字万用表主板上安装防静电弹簧

（2）在功能与量程转换开关上安装触片，如图 3.12 所示。

图 3.12　在功能与量程转换开关上安装触片

（3）在功能与量程转换开关的孔中放置小弹簧，如图 3.13 所示。

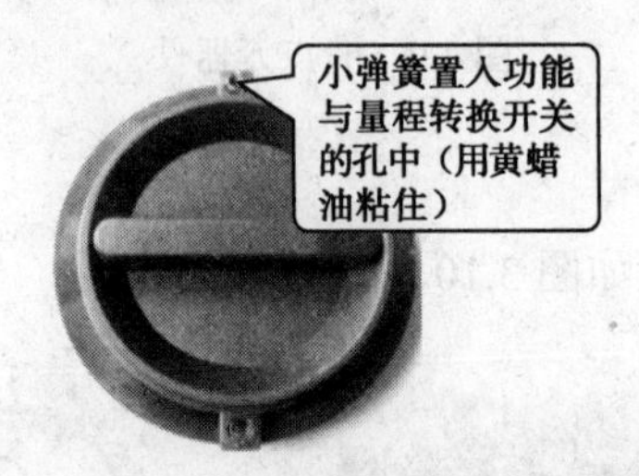

图 3.13　在功能与量程转换开关的孔中放置小弹簧

（4）安装液晶显示屏与导电胶条，如图 3.14 所示。

图 3.14　安装液晶显示屏与导电胶条

（5）将滚珠放置在前盖的滚动槽中，如图 3.15 所示。

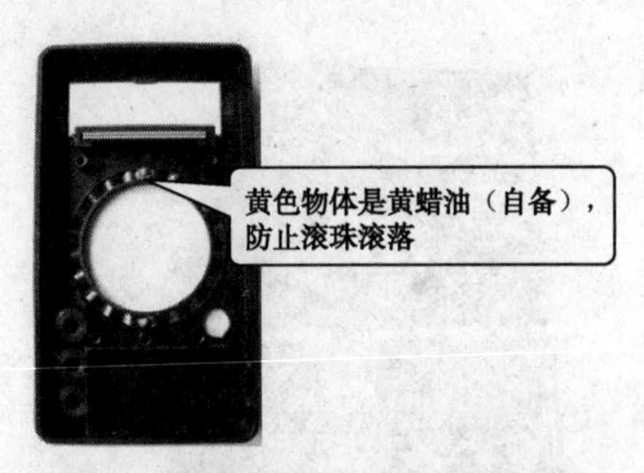

图 3.15　将滚珠放置在前盖的滚动槽中

（6）将功能与量程转换开关放到前盖上安装，如图 3.16 所示。

图 3.16　将功能与量程转换开关放到前盖上安装

（7）将焊接好的主板放置到前盖中，并用自攻螺钉固定，如图 3.17 所示。

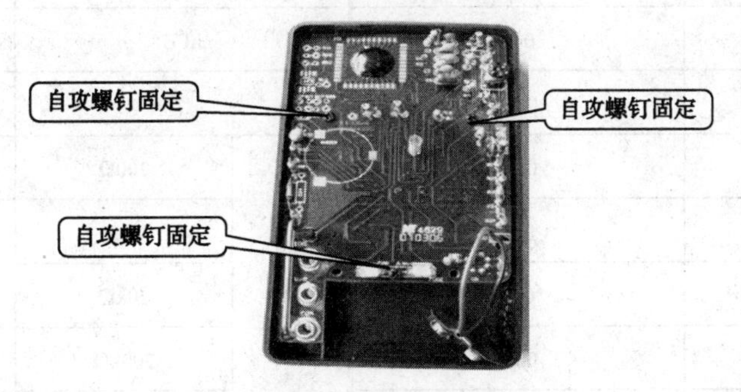

图 3.17　固定主板

（8）安装好熔断器和 9V 叠层电池即可测试效果，如图 3.18 所示。

图 3.18　安装熔断器和 9V 叠层电池

3.3 检测与检修

任务 3.3.1　检测万用表电路

（一）显示检测

不连接测试表笔，转动转换开关，观察液晶屏显示的数字。在正常情况下，各挡位的读数如表 3.7 所示，其中，“B”表示空白。

表 3.7　显示检测时 DT-830B 数字万用表各挡位的读数

功能与量程		显 示 数 字	功能与量程		显 示 数 字
DCV	200mV	00.0	10A		0.00
	2V	000	hFE		000
	20V	0.00			1BBB
	200V	00.0	Ω	200Ω	1BB.B
	1000V	000		2kΩ	1BBB
ACV	750V	000		20kΩ	1B.BB
	200V	00.0		200kΩ	1BB.B
DCA	200μA	00.0		2MΩ	1BBB
	2mA	000			
	20mA	0.00			
	200mA	00.0			

如果各挡显示与表 3.7 中所列不符，应进行以下检查。

（1）查电池电量是否充足，连接是否可靠。

（2）检查各电阻的电阻值是否正确。

（3）检查各电容的电容量是否正确。

（4）检查电路板是否有短路、虚焊、漏焊。

（5）检查滑动触片是否接触良好。

（6）检查液晶屏、电路板各引出电极与导电胶条是否正确连接等。

（二）校准

正规厂家生产的数字万用表，都通过专业设备对仪表的每一项功能进行检测，以确保产品质量。在业余条件下，可用一台标准表和一节新的 1.5V 电池进行校准。

将标准表和本表均置于 DC2V 挡位，先用标准表测量 1.5V 电池的电压，并记下测量值。再用本表测量该电池，调节校准可调电阻 RP，使本表显示结果与标准表相同即可。其他量程的精度由相应元器件的精度和正确安装来保证。

校准直流 10A 电流挡，需要一个负载能力大约为 5A、电压为 5V 左右的直流标准源（有输出电流指示）和一个 1Ω、25W 的电阻。将本表的转换开关转到“10A”位置，按照直流标准源正极—红表笔—黑表笔—电阻—直流标准源负极的顺序串接在一起。如果本表显示大于 5A，则在康铜丝上镀锡，使康铜丝电阻略微减小，直到读数为 5A 为止。如果本表显示小于 5A，则可用斜口钳将康铜丝掐细，可在多点位置上操作，或用锉刀将康铜丝锉细，从而使康铜丝电阻略微增大，使得读数为 5A 即可。还可以通过调整康铜丝长度的办法校准该挡。10A 挡位校准比较复杂，且测试电流较大，操作时需要注意安全。如果使用要求精度不高，可不必校准。

检测、调试完毕，最后将后盖扣上，并用两个螺钉紧固即可。

任务 3.3.2　检修万用表电路

（一）故障检修的一般方法

（1）先调查，后熟悉：当用户送来一台故障机时，首先要询问产生故障的前后经过及故障现象，根据用户提供的情况和线索，再认真地对电路进行分析研究，弄通弄懂其电路原理和元器件的作用，做到心中有数，有的放矢。

（2）先机外，后机内：对于故障机，应先检查机外部件，特别是机外的一些开关、旋钮位置是否得当，外部的引线、插座有无断路、短路现象等；当确认机外部件正常时，再打开机器进行检查。

（3）先机械，后电气：在确定各部位转动机构无故障后，再进行电气方面的检查。

（4）先静态，后动态：静态检查就是在机器未通电之前进行的检查，在确认静态检查无误后，方可通电进行动态检查。

（5）先清洁，后检修：在检查机器内部时，应着重看看机内是否清洁，如果发现机内各元器件、引线、走线之间有尘土、污物、蜘蛛网或多余焊锡、焊油等，应先加以清除，再进行检修，这样既可减少自然故障，又可取得事半功倍的效果。实践表明，许多故障都是由于脏污引起的，一经清洁故障往往会自动消失。

（二）故障检修的注意事项

（1）先电源，后机器：电源是机器的心脏，如果电源不正常，那么就不可能保证其他部分的正常工作，也就无从检查别的故障。根据经验，电源部分的故障率在整机中占的比例最高，许多故障往往就是由电源引起的，所以先检修电源常能收到事半功倍的效果。

（2）先通病，后特殊：根据机器的共同特点，先排除带有普遍性和规律性的常见故障，然后再去检查特殊的电路，以便逐步缩小故障范围，由面到点，缩短修理时间。

（3）先外围，后内部：在检查集成电路时，不要先急于换集成块，而应先检查其外围电路，在确认外围电路正常后，再考虑更换集成块。

（4）先直流，后交流：这里的直流和交流是指电路各级的直流回路和交流回路。这两个回路是相辅相成的，只有在直流回路正常的前提下，交流回路才能正常工作。所以，在检修时，必须先检查各级的静态工作点，然后再检查动态工作点。

（5）先故障，后调试：对于“电路故障、调试”并存的机器，应当先排除电路故障，然后再进行调试。因为调试必须是在电路正常的前提下才能进行的。当然，有些故障是由于调试不当而造成的，这时只需直接调试即可恢复正常。

任务评价

1. 工艺准备的评价表

工艺准备的评价表如表 3.8 所示。

表 3.8　工艺准备的评价表

项　目	考核内容	配　分	评价标准	评分记录
工具的选用	正确选用装配工具	5	种类、规格及数量不对或摆放不整齐每项扣 2 分	
元器件识读与检测	准确识读元器件 检测方法正确，操作熟练 测量结果准确	10	识别、识读每错 1 项扣 1 分 方法不正确、不熟练扣 2 分 结果不准确每项扣 1 分	
识读技术文件	识读印制电路板图及装配图 识读工艺文件明细表 识读装配工艺过程卡	5	不能正确读图扣 2 分 不能识读装配工艺过程卡扣 2 分	
小　计		20	总　分	

2. 安装要点与步骤的评价表

安装要点与步骤的评价表如表 3.9 所示。

表 3.9　安装要点与步骤的评价表

项　目	考核内容	配　分	评价标准	评分记录
插装	元器件引脚成形符合要求；元器件装配到位，装配高度、装配形式符合规范	20	工艺不良每项扣 2 分	
焊接	焊点符合标准，剪脚整齐 无损坏元器件 无焊盘翘起、脱落	10	焊点、剪脚不良每处扣 1 分 损坏元器件每个扣 2 分 焊盘损坏每处扣 2 分	
总装	总装顺序合理，无差错；机械部件组装正确，无损坏；外壳及紧固件装配到位，不松动，拨盘灵活	20	总装工艺不合要求每处扣 2 分	
安全、文明生产	遵守安全操作规范 无短路、损坏仪器等事故发生 工具、元器件等摆放整齐、合理，遵守 5S 管理法	10	操作不规范扣 2 分 发生损坏事故扣 5 分 工具、元器件摆放不整齐扣 2 分	
小　计		60	总　分	

3. 检测与检修的评价表

检测与检修的评价表如表 3.10 所示。

表 3.10 检测与检修的评价表

项目	考核内容	配分	评价标准	评分记录
检测与调试	会对照表 3.7 进行挡位检测 会借助一台标准表进行精度校准	10	不会读数扣 5 分；读数错误每项扣 1 分 不会校准扣 5 分	
使用功能	功能完备，符合要求	5	功能不合要求或一次未成功扣 1～5 分	
安全、文明生产	遵守安全操作规范 无短路、损坏仪器等事故发生 工具、元器件等摆放整齐、合理，遵守 5S 管理法	5	操作不规范扣 2 分 发生损坏事故扣 5 分 工具、元器件摆放不整齐扣 2 分	
小计		20	总分	

4. DT-830B 数字万用表的评价表

DT-830B 数字万用表的评价表如表 3.11 所示。

表 3.11 DT-830B 数字万用表的评价表

项目名称	任务内容		配分	评分记录
数字万用表	1	工艺准备	20	
	2	安装要点与步骤	60	
	3	检测与检修	20	
合计			100	

学习情境4

DS05-7B 型超外差式收音机的装调

任务要求

1. 制作线扎

(1) 正确选用工具。

(2) 合理剪裁导线，剥头长度要适当，多股导线应捻头、浸锡。

(3) 按照线扎图正确制作线扎。

(4) 安全用电，执行文明生产规定。

2. 安装收音机

(1) 备齐装配此功能单元所需要的工具。

(2) 正确进行元器件的插装。

(3) 正确焊接印制电路板。

(4) 正确进行无锡连接及部件的安装。

(5) 安全用电，检查防静电措施，执行文明生产规定。

3. 检测已装收音机的质量

(1) 备齐工具、焊料、助焊剂等。

(2) 正确操作仪器仪表。

(3) 准确定位压接、螺接、铆接的不足，并进行修正。

(4) 完成元器件、导线等的检查及修正。

(5) 安全用电，检查防静电措施，执行文明生产规定。

4. 编制已装收音机的装配工艺

(1) 准确分析待装单元。

(2) 正确安排安装步骤。

(3) 正确绘制装配工艺流程图。

任务分解

4.1 工艺准备
- 任务 4.1.1 制作线扎
- 任务 4.1.2 准备工具
- 任务 4.1.3 准备材料
- 任务 4.1.4 识读技术文件

4.2 安装要点与步骤
- 任务 4.2.1 安装要点
- 任务 4.2.2 安装步骤

4.3 检测与检修
- 任务 4.3.1 检测收音机电路
- 任务 4.3.2 检修收音机电路

任务实施

4.1 工艺准备

任务 4.1.1 制作线扎

（一）硬线扎的加工工艺

硬线扎多用于固定产品零部件之间的连接，特别是在机柜式设备中使用较多。它是按产品需要将多根导线捆扎成固定形状的线束，这种线扎必须有实样图，如图 4.1 所示，对应的接线表如表 4.1 所示。

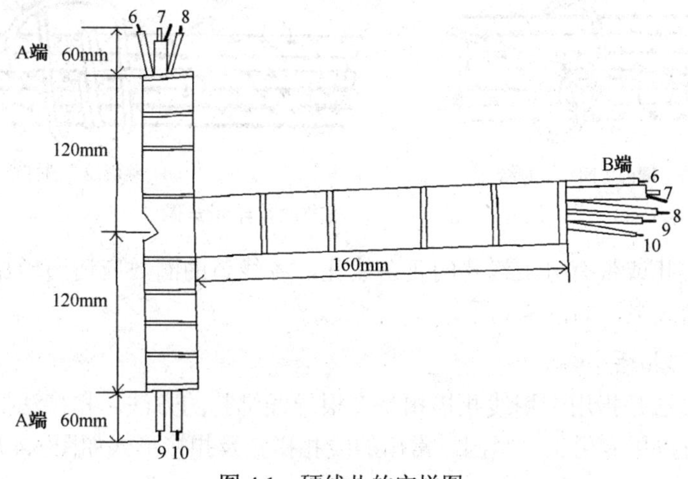

图 4.1 硬线扎的实样图

表 4.1　硬线扎的接线表

编　　号	规　　格	长度（mm）	剥头长度（mm）		数　　量
			A　端	B　端	
1	BV1×12/0.5 红	290	4	4	1
2	BV1×12/0.5 蓝	310	4	4	1
3	BV1×12/0.5 紫	320	4	4	1
4	BV1×12/0.5 黑	320	4	4	1
5	BV1×12/0.5 黄	330	4	4	1
6	BV1×12/0.15 蓝	400	4	4	1
7	BV1×12/0.18 黑，同轴电缆	420	4	4	1
8	BV1×12/0.15 红	440	4	4	1
9	BV1×12/0.15 紫	480	4	4	1
10	BV1×12/0.15 黄	460	4	4	1

说明：BV——聚氯乙烯绝缘电线。

（二）线扎绑扎方法

1．线绳捆扎法

线绳捆扎法是指用线绳（如棉线、亚麻线、尼龙线等）将多根导线捆绑在一起构成线扎的方法。具体方法如图 4.2 所示。线扎绑扎完毕，应涂上清漆，有时也只在各线节处涂清漆。

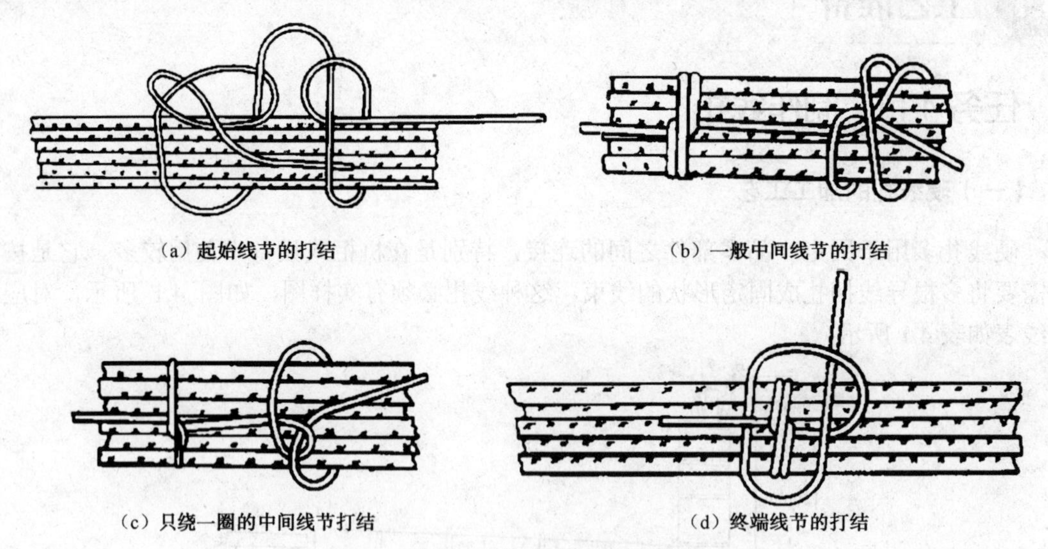

图 4.2　线绳捆扎法线节的打结示意图

对于较粗的线扎或带有分支线扎的复杂线扎，各线节的圈数应适当增加，特别是在分支拐弯处应多绕几圈线绳，如图 4.3 所示。

2．专用线扎搭扣法

专用线扎搭扣法是指用专用线扎搭扣将多根导线绑扎的方法。扣接法捆扎线扎，既可以用手工拉紧，也可以用专用工具紧固。常用的线扎搭扣及扣接形式如图 4.4 所示。

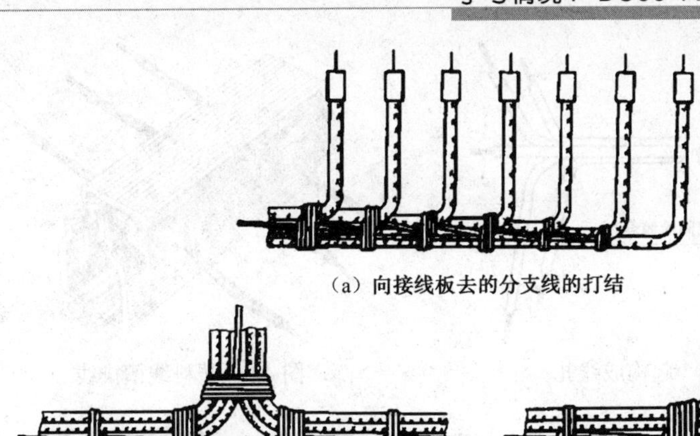

（a）向接线板去的分支线的打结

（b）两分支线合并成一支线的拐弯处的打结

（c）一分支线拐弯处的打结

图 4.3 分支拐弯处的打结示意图

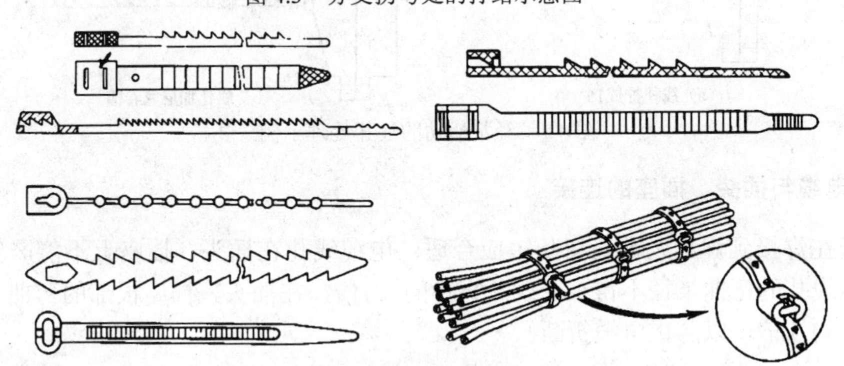

图 4.4 常用的线扎搭扣及扣接形式

3. 胶合粘接法

胶合粘接法是指用胶合剂将多根导线粘接在一起构成线扎的方法，是用于导线数量不多的小线扎绑扎方法，如图 4.5 所示。

4. 套管套装法

套管套装法是指用套管将多根导线套装在一起构成线扎的方法，特别适合于裸屏蔽导线或需要增加线束绝缘性能和机械强度的场合。使用的套管有塑料套管、热缩套管、玻纤套管等，还有用 PVC 管来做套管的。现在又出现了专用于制作线扎的螺纹套管，使用非常方便，特别适合于小型线扎和活动线扎。

5. 塑料线槽排线

有些大中型设备用塑料线槽排线。线槽固定在机箱上，槽两侧有很多出线孔，将准备好的导线一根一根排在槽内，可不必绑扎，导线排完后再盖上盖，也很整齐，如图 4.6 所示。

6. 经常活动的线扎处理

经常活动的线扎应拧成 15° 左右的角度，如图 4.7（a）所示。这样做的目的是线扎弯曲时各导线受力均匀。为了防止磨损，可在线扎外加缠聚氯乙烯胶带，也可用尼龙卷槽绕在活动线扎上，如图 4.7（b）所示。

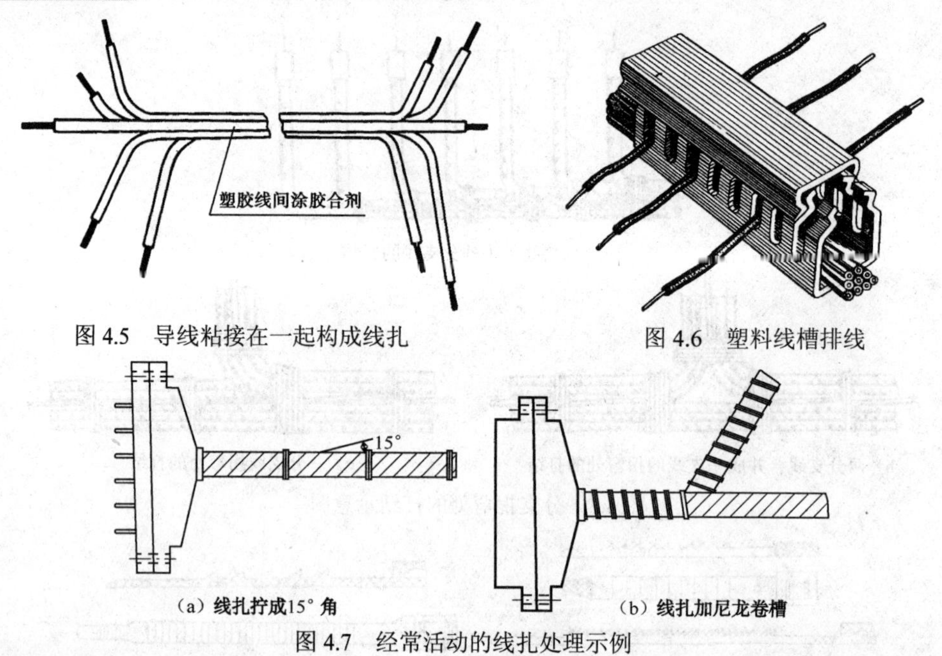

图 4.5　导线粘接在一起构成线扎

图 4.6　塑料线槽排线

（a）线扎拧成15°角

（b）线扎加尼龙卷槽

图 4.7　经常活动的线扎处理示例

（三）电缆与插头、插座的连接

各导线在焊接到焊片之前所留长短应合适，电缆线扎在插头、插座上不能产生自由松动现象，电缆线扎的弯曲半径不得小于线扎直径的 2 倍，在插头、插座根部的弯曲半径不得小于线扎直径的 5 倍，以防止电缆折断。

1. 非屏蔽电缆与插头、插座的连接

如图 4.8 所示，在 3 处将棉织套剪去适当一段，用棉线绑扎，涂以清漆，再套上橡皮圈 2。将插头、插座拆开，把后环先套在电缆上。将每根导线套上绝缘套管，分别焊接到各焊片上，焊完之后将套管推到焊片上。最后安装插头、插座外壳，拧紧螺钉，旋好后环。由于橡皮圈紧紧卡在线扎与后环之间，使线扎不易松动。

2. 屏蔽电缆与插头、插座的连接

如图 4.9 所示，先剪去适当长度的屏蔽层，用浸蜡棉线或亚麻线、尼龙线等绑扎线扎。拆开插头、插座，把后环套在电缆上，然后将一圈垫纸套过屏蔽层，使屏蔽层端线均匀散开，焊在垫圈上。把绝缘套管套在各导线上，将导线分别焊接到各焊片上，焊完之后将套管推到焊片上。安装拆下的外壳，紧固好螺钉，将后环拧在一起，最后在后环外缠棉线并涂漆。

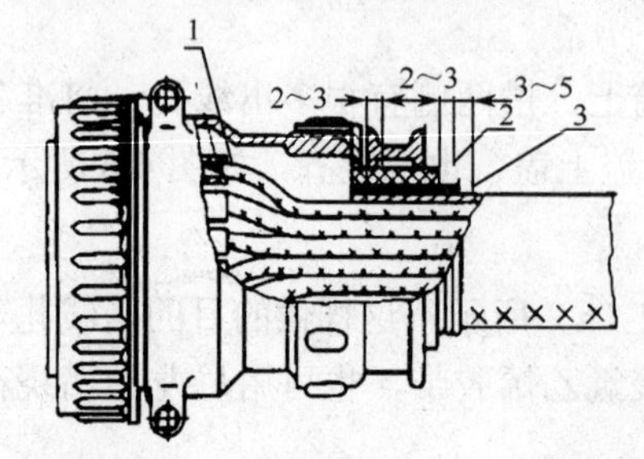

1—绝缘套管；2—电缆用橡皮圈；3—用棉线绑扎并涂清漆

图 4.8　非屏蔽电缆与插头、插座的连接

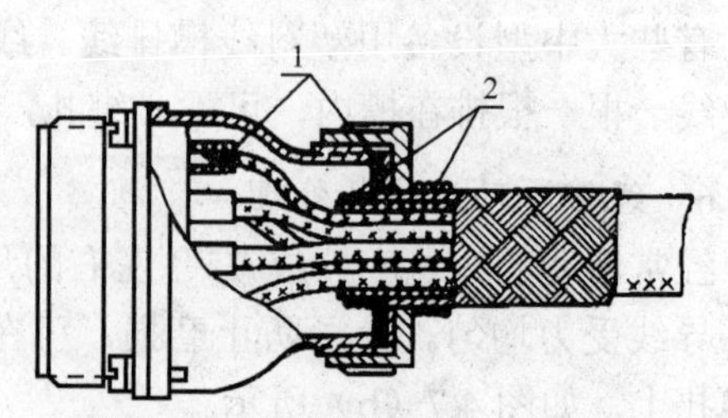

1—锡焊；2—用棉线绑扎，绑扎宽度不应小于4mm

图 4.9　屏蔽电缆与插头、插座的连接

3. 快卸插头、插座的安装

如图 4.10 所示，先将各导线端头处理好，拧下插头、插座的尼龙套，将每根导线套上套管，把卸下的尼龙套套过导线。在各导线焊接完毕后，把尼龙套拧上，将导线排列整齐，浇注常温熟化有机硅。待有机硅凝固后，放好套管，用棉线绑扎线扎，涂上清漆。

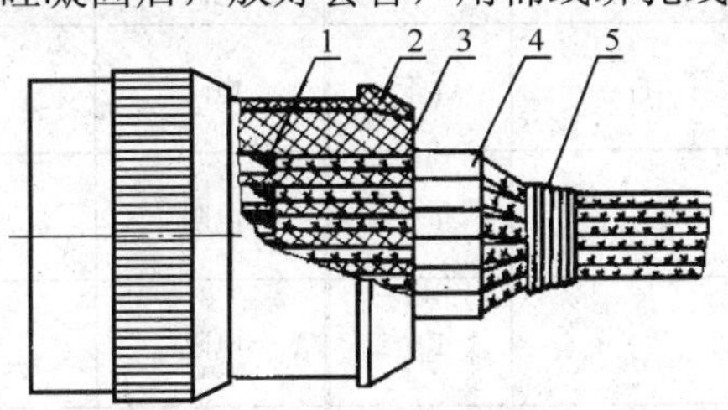

1—锡焊；2—尼龙套；3—常温熟化有机硅浇注料；
4—套管；5—用棉线捆扎并涂清漆

图 4.10　XK 型快卸插头、插座的安装

任务 4.1.2　准备工具

准备常用电子组装工具一套：电烙铁、旋具（一字、十字的大、小旋具各一把）、尖嘴钳、剪刀、镊子、钩针、通针等。

任务 4.1.3　准备材料

(一) 材料清单

DS05-7B 型超外差式收音机所需材料及材料清单分别如图 4.11 和表 4.2 所示。

图 4.11　DS05-7B 型超外差式收音机所需材料

表 4.2　DS05-7B 型超外差式收音机材料清单

名　称	型号、规格	标　号	数　量	名　称	型号、规格	标　号	数　量
三极管	9018	VT_1、VT_2、VT_3、VT_4	各 1 个	电阻	20kΩ	R_5	1 个
三极管	9014	VT_5	1 个	电阻	1kΩ	R_6	1 个

续表

名　称	型号、规格	标　号	数　量	名　称	型号、规格	标　号	数　量
三极管	9013	VT_6、VT_7	各1个	电阻	62kΩ	R_7	1个
发光二极管	ϕ3mm	LED	1个	电阻	51Ω	R_8	1个
磁棒线圈	5×13×55（mm）	T_1	1套	电阻	680Ω	R_9	1个
振荡线圈	TF10-920（红色）	T_2	1个	电阻	100kΩ	R_{10}	1个
中频变压器	TF10-921（黄色）	T_3	1个	电阻	120Ω	R_{12}、R_{14}	各1个
中频变压器	TF10-922（白色）	T_4	1个	电阻	330Ω	R_{16}	1个
中频变压器	TF10-923（绿色）	T_5	1个	电位器	5kΩ（带开关插脚式）	RP	1个
输入变压器	E型 6个引脚	T_6	1个	瓷片电容	223	C_1、C_4、C_5、C_6、C_7、C_{10}	各1个
扬声器（喇叭）	ϕ58mm、8Ω	BL	1个	瓷片电容	103	C_2	1个
电阻	51kΩ	R_1	1个	电解电容	4.7μF	C_3、C_8	各1个
电阻	2kΩ	R_2	1个	电解电容	100μF	C_9、C_{11}、C_{12}	各1个
电阻	100Ω	R_3、R_{11}、R_{13}、R_{15}	各1个	双联电容	CBM-223pF	CA	1个
电阻	24kΩ	R_4	1个	耳机插座	ϕ2.5mm		1个

（二）材料质量检查

识读本情境所需各材料，测量其数值，并判断质量，填写表4.3。

表4.3　材料检测记录表

名　称	型号、规格	标　号	检 测 结 果	名　称	型号、规格	标　号	检 测 结 果
三极管	9018	VT_1、VT_2、VT_3、VT_4		电阻	20kΩ	R_5	
三极管	9014	VT_5		电阻	1kΩ	R_6	
三极管	9013	VT_6、VT_7		电阻	62kΩ	R_7	
发光二极管	ϕ3mm	LED		电阻	51Ω	R_8	
磁棒线圈	5×13×55（mm）	T_1		电阻	680Ω	R_9	
振荡线圈	TF10-920（红色）	T_2		电阻	100kΩ	R_{10}	
中频变压器	TF10-921（黄色）	T_3		电阻	120Ω	R_{12}、R_{14}	

续表

名　称	型号、规格	标　号	检测结果	名　称	型号、规格	标　号	检测结果
中频变压器	TF10-922（白色）	T_4		电阻	330Ω	R_{16}	
中频变压器	TF10-923（绿色）	T_5		电位器	5kΩ（带开关插脚式）	RP	
输入变压器	E型 6个引脚	T_6		瓷片电容	223	C_1、C_4、C_5、C_6、C_7、C_{10}	
扬声器	ϕ58mm、8Ω	BL		瓷片电容	103	C_2	
电阻	51kΩ	R_1		电解电容	4.7μF	C_3、C_8	
电阻	2kΩ	R_2		电解电容	100μF	C_9、C_{11}、C_{12}	
电阻	100Ω	R_3、R_{11}、R_{13}、R15		双联电容	CBM-223pF	CA	
电阻	24kΩ	R_4		耳机插座	ϕ2.5mm		

任务 4.1.4　识读技术文件

（一）识读设计文件

1. 原理框图

DS05-7B 型超外差式收音机的工作原理框图如图 4.12 所示，它由输入调谐回路、混频与本机振荡电路、中频放大电路、检波电路、自动增益控制电路、前置放大电路、功率放大电路等部分组成。

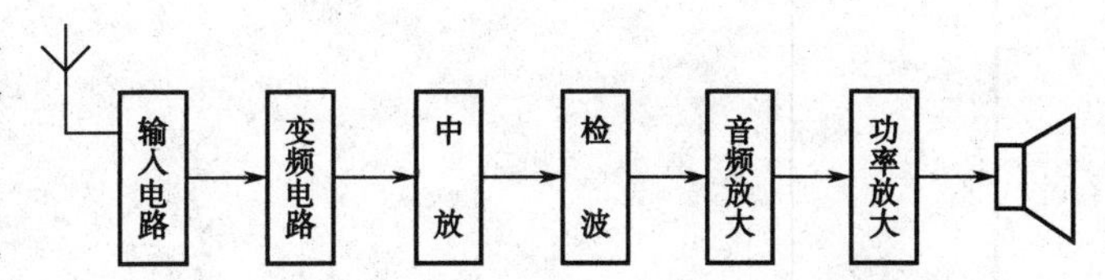

图 4.12　DS05-7B 型超外差式收音机的工作原理框图

2. 电路原理图

DS05-7B 型超外差式收音机电路原理图如图 4.13 所示。

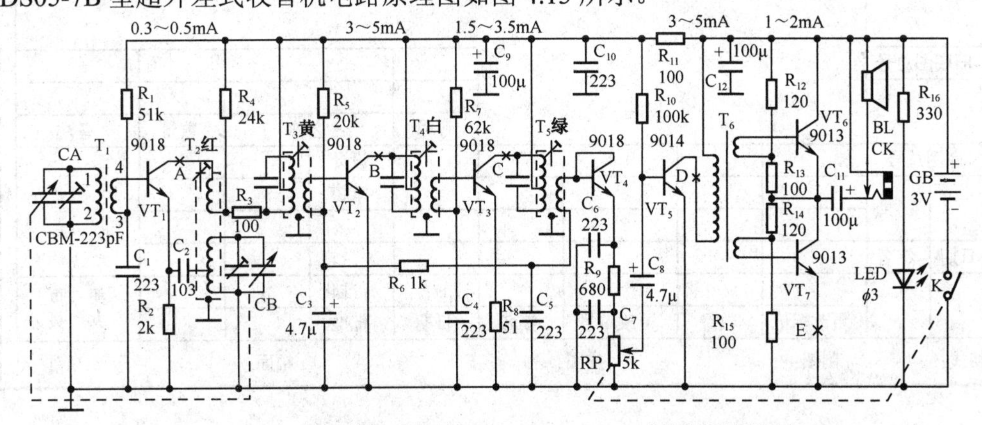

“×”为集电极电流测试点（A、B、C、D、E），电流参考值见图上方

图 4.13　DS05-7B 型超外差式收音机电路原理图

3. 装配图

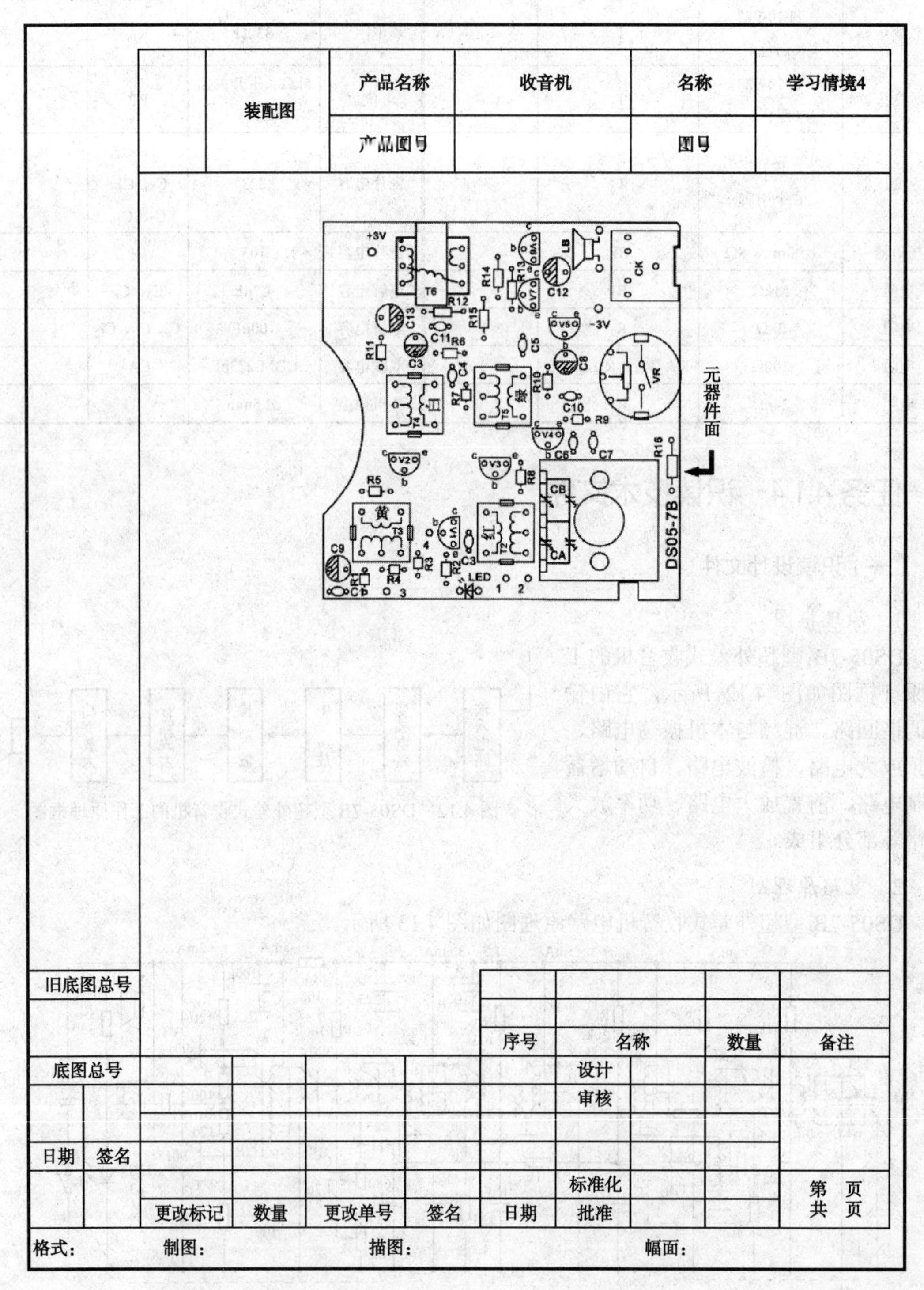

	装配图	产品名称	收音机	名称	学习情境4
		产品图号		图号	

旧底图总号									
					序号	名称	数量	备注
底图总号						设计		
						审核		
日期	签名							
						标准化		第 页 共 页
		更改标记	数量	更改单号	签名	日期	批准	

格式： 制图： 描图： 幅面：

4. 印制电路板图

	印制电路板图	产品名称	收音机	名称	学习情境4
		产品图号		图号	

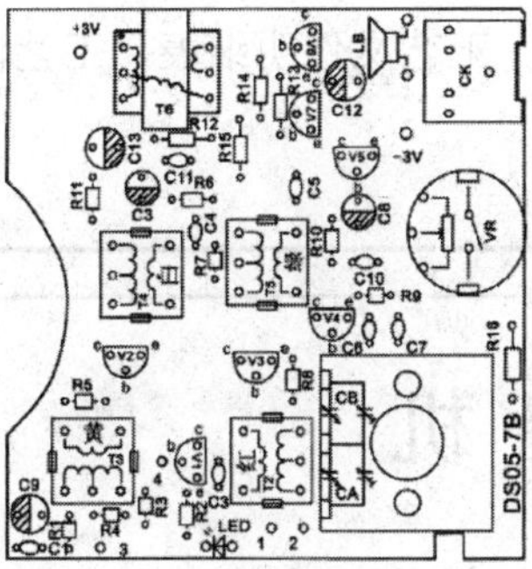

元器件面

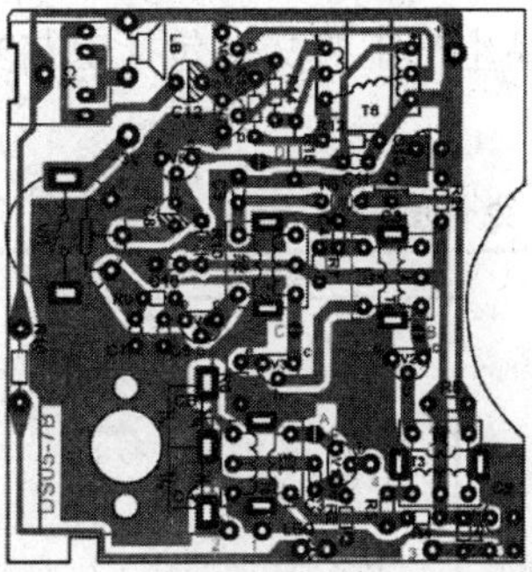

焊接面

旧底图总号								
					序号	名称	数量	备注
底图总号						设计		
						审核		
日期	签名							
						标准化		第 页
		更改标记	数量	更改单号	签名	日期	批准	共 页

格式： 制图： 描图： 幅面：

5. 安装好的DS05-7B型超外差式收音机主板图

安装好的DS05-7B型超外差式收音机主板图如图4.14所示。

图 4.14　DS05-7B 型超外差式收音机主板图

（二）识读工艺文件

电子产品生产工艺文件包括工艺文件封面、工艺文件明细表、工艺流程图、装配工艺过程卡等。

1. 工艺文件封面

<table>
<tr><td rowspan="6"></td><td colspan="2">

收音机

工　艺　文　件

第 1 册

共 5 页

共 1 册

产品型号　学习情境4

产品名称　超外差式收音机

产品图号

批准

2016年　月　日

</td></tr>
<tr><td colspan="2">旧底图总号</td></tr>
<tr><td colspan="2"></td></tr>
<tr><td colspan="2">底图总号</td></tr>
<tr><td>日期</td><td>签名</td></tr>
<tr><td></td><td></td></tr>
</table>

2. 工艺文件明细表

		工艺文件明细表		产品名称	收音机	
				产品图号		
序号	零、部、整件图号	零、部、整件名称	文件代号	文件名称	页数	备注
1		收音机主板		工艺流程图	1	
2		收音机整机		装配工艺过程卡	2	
3						
4						
5						
6						
7						
8						
9						
10						
11						
12						
13						
14						
15						
16						
17						
18						
19						
20						
21						
22						
23						
24						
25						
26						
27						
28						
29						
30						

旧底图总号

底图总号						设计			
						审核			
日期	签名								
						标准化			第 页
		更改标记	数量	更改单号	签名	日期	批准		共 页

格式： 制图： 描图： 幅面：

3. 工艺流程图

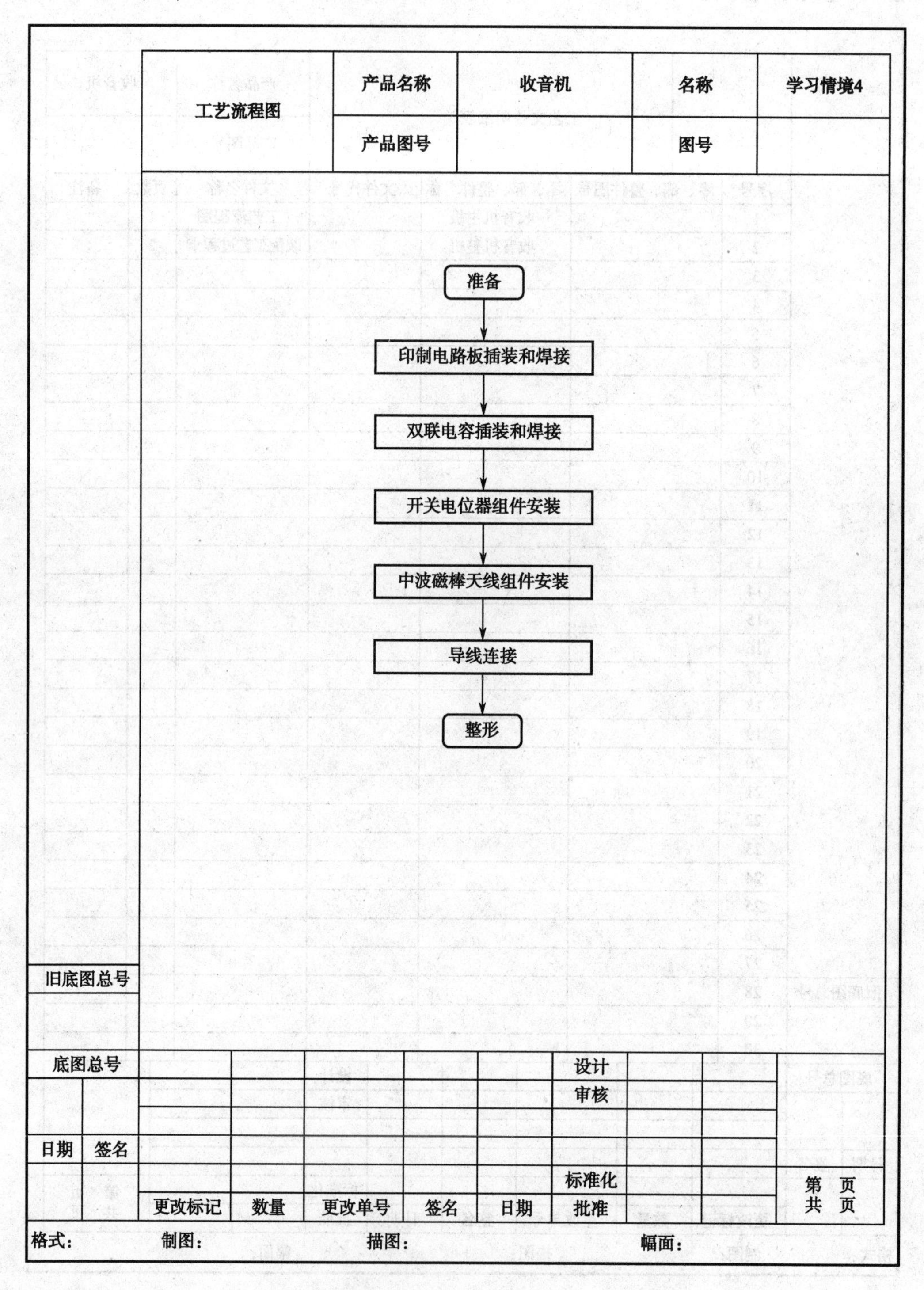

工艺流程图	产品名称	收音机	名称	学习情境4
	产品图号		图号	

准备

↓

印制电路板插装和焊接

↓

双联电容插装和焊接

↓

开关电位器组件安装

↓

中波磁棒天线组件安装

↓

导线连接

↓

整形

旧底图总号

底图总号

日期 签名

					设计		
					审核		
					标准化		第 页
更改标记	数量	更改单号	签名	日期	批准		共 页

格式: 制图: 描图: 幅面:

4. 装配工艺过程卡

装配工艺过程卡	产品名称	收音机	名称	学习情境4
	产品图号		图号	

装入件及辅助材料			工作地	工序号	工种	工序内容及要求	设备及工装	工时定额
序号	代号、名称、规格	数量						
1	备料					凭领料单向元器件库领取本工艺所需的元器件。根据材料清单，检查各元器件外观质量、型号、规格，应符合要求。		
2	元器件检测					根据材料清单，将所有要焊接的元器件检测一遍，并将检测结果填入表4.3。	万用表	
3	引脚加工（砂纸、焊锡、松香）					视元器件引脚的可焊性，先对引脚进行表面清洁和搪锡处理，并校直。然后，根据焊盘插孔和安装的要求弯折成所需要的形状。	尖嘴钳	
4	插装、焊接（焊锡、松香）					按印制电路板装焊工艺，按电阻、电容、三极管，再变压器、电位器、双联可变电容、发光二极管、天线线圈等次序，进行插装、焊接。插件型号、位置应准确，特别注意振荡线圈和中频变压器不要错装。	电烙铁	
						安装电位器时，以拨盘不与外壳擦碰为宜。		
						安装双联可变电容时，要先用螺钉固定在电路板上，再焊接其引脚。		
						安装发光二极管时，其引脚长度应与盒子高度配合起来确定，正确的高度应为盒子盖上后，发光二极管正好伸出盒子上的孔位。		
						安装天线线圈时，先用电烙铁加热尼龙磁棒架将其固定在电路板上，然后穿入磁棒，套上线圈，初级线圈要靠近磁棒的端部。将加工好的线圈引线，按通孔插装方式焊接，4个线头要对号入座。		
5	切脚					用偏口钳切脚，切脚应整齐、干净。	偏口钳	

旧底图总号								
底图总号						设计		
						审核		
日期	签名							
						标准化		第1页 共2页
		更改标记	数量	更改单号	签名	日期	批准	

格式：　　制图：　　描图：　　幅面：

装配工艺过程卡	产品名称	收音机	名称	学习情境4
	产品图号		图号	

装入件及辅助材料			工作地	工序号	工种	工序内容及要求	设备及工装	工时定额
序号	代号、名称、规格	数量						
6	接线（焊锡、松香）					喇叭线和电源线要按通孔插装方式焊接。	电烙铁	
						安装调谐拨盘和电位器拨盘，并用螺钉紧固。	旋具	
						将刻度盘固定在机壳上；将电源线焊接在电池正、负极簧片上，并将簧片安装在机壳电池卡槽的相应位置处；将喇叭安装在机壳上并焊好喇叭线。	电烙铁	
7	总装与调试（焊锡、松香）					收音机机芯装配完后，即可进行整机调试。调试的主要内容有三极管静态工作点调整、中频频率调整、接收频率范围调整、统调。	万用表、示波器、信号发生器、无感旋具、电烙铁（蜡烛）	
						调试完毕，将天线用蜡烛封住，将电路板装于外壳中并用螺钉固定，调整好指示灯、调谐拨盘和电位器拨盘的位置后，扣上后盖，一台收音机便安装好了。		

旧底图总号								
底图总号						设计		
						审核		
日期	签名							
						标准化		第2页 共2页
		更改标记	数量	更改单号	签名	日期	批准	

格式： 制图： 描图： 幅面：

4.2 安装要点与步骤

任务 4.2.1 安装要点

（一）工艺要求

（1）在安装前应根据材料清单对所有材料进行清点、检测，确保元器件数量、规格、型号与清单一致，元器件无损坏。

（2）印制电路板上标明了各个元器件的安装位置，安装时可对照电路原理图从套件中找出相应的元器件，并将其对号入座即可。安装顺序应遵循先电阻、瓷片电容、电解电容，再三极管，然后是中周、输入变压器、电位器、耳机、双联可变电容、发光二极管、天线线圈、喇叭导线、电源线等原则。同类元器件应对照电路原理图上的标号按由小到大的顺序进行。

（3）本套件中电阻的安装有卧式安装和立式安装，在电路板上有明显标识，插件时要注意符号。电解电容、二极管和三极管都有极性之分，安装时一定要区分极性。所有元器件安装高度要符合工艺要求，力求美观，并且不要超过中周高度，否则机壳盖子将无法盖上。

（4）振荡线圈和中周一套 4 个，磁芯帽上涂有不同的颜色，以示区别。其中，红色为振荡线圈 T_2，黄色为第一中周 T_3，白色为第二中周 T_4，绿色为第三中周 T_5，切勿错装。振荡线圈、中周和输入变压器的引线脚是固定在塑料框架上的，焊接时千万要小心，以免塑料受热软化导致引脚脱落。

（5）电位器的安装位置以装上电位器拨盘、印制电路板和机壳后，拨盘不擦碰到机壳为宜。

（6）安装双联可变电容时，先用螺钉将其固定在印制电路板上，然后再焊接引脚。

（7）磁性天线的安装：将尼龙磁棒架从印制电路板没有铜箔的一面插入固定圆孔，用电烙铁加热将其固定在电路板上，然后穿入磁棒，套上天线线圈，注意将次级绕组放于磁棒里面位置，初级靠近磁棒的端部。将加工好的线圈引线，按通孔插装方式焊接，4 个线头要对号入座。区分初级绕组和次级绕组的方法是：初级匝数多，次级匝数少，线头 1、2、3、4 的顺序按同一绕向进行确定。

（8）喇叭线和电源线均按通孔插装方式焊接在电路板上。

（9）元器件安装完毕后，仔细检查有无虚焊、错焊，有无短路现象，确认无误后，再进行下一步的工作。

（10）安装调谐拨盘和电位器拨盘，并用螺钉紧固。由于调谐拨盘离电路板很近，所以在它下面和周围的元器件引脚要剪切得尽可能短些，以免影响其转动。

（11）将刻度盘固定在机壳上；将电源线焊接在电池正、负极簧片上，并将簧片安装在机壳电池卡槽的相应位置处；将喇叭安装在机壳上并焊好喇叭线。

（12）所有部件安装完毕，检查无误后，方可通电调试。电路原理图上所标各级工作电流为参考值，装配中可根据实际情况而定，以不失真、不啸叫、声音宏亮为准，整机静态工作电流约 11mA。振荡线圈和中频变压器的磁芯不要轻易调整，以免调乱。

（13）调试完毕，用蜡烛将天线封住，将电路板装入机壳，这样一台收音机便制作完成了。

（二）手工焊接印制电路板上的电子元器件

（1）准备工作：用刮刀或砂纸去除元器件引脚上的氧化层，做好焊前清洁，然后镀上一层锡。

（2）元器件引脚成形：按照元器件在印制电路板上孔位的尺寸要求，使其弯曲成形的引脚能够方便地插入孔内。

（3）元器件插装、焊接：在通孔安装电路板上插装、焊接有引脚的元器件。

任务 4.2.2 安装步骤

（一）安装电子元器件

（1）安装电阻如图 4.15 所示。

图 4.15 安装电阻

（2）安装瓷片电容如图 4.16 所示。

图 4.16 安装瓷片电容

（3）安装电解电容如图 4.17 所示。

图 4.17 安装电解电容

（4）安装三极管如图 4.18 所示。

图 4.18 安装三极管

（5）安装中周如图 4.19 所示。

图 4.19 安装中周

（6）安装输入变压器、电位器如图 4.20 所示。

图 4.20　安装输入变压器、电位器

（7）安装耳机、双联可变电容如图 4.21 所示。

图 4.21　安装耳机、双联可变电容

（8）安装发光二极管如图 4.22 所示。

图 4.22　安装发光二极管

（9）安装天线线圈如图 4.23 所示。

图 4.23　安装天线线圈

（二）连接测试点

连接测试点如图 4.24 所示。

图 4.24　连接测试点

（三）安装辅件

（1）安装拨盘如图 4.25 所示。

图 4.25　安装拨盘

（2）安装电池极片如图 4.26 所示。

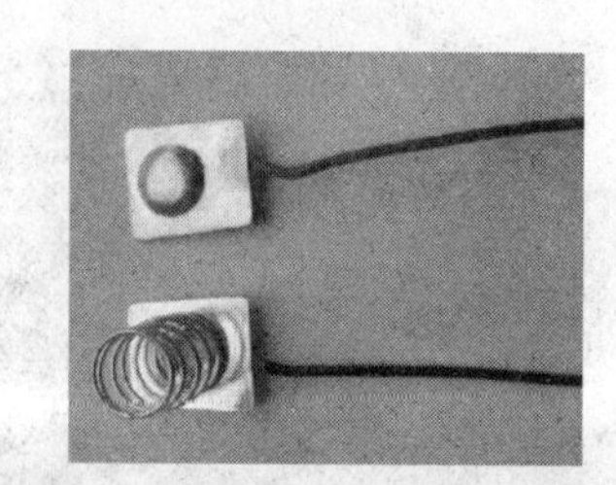

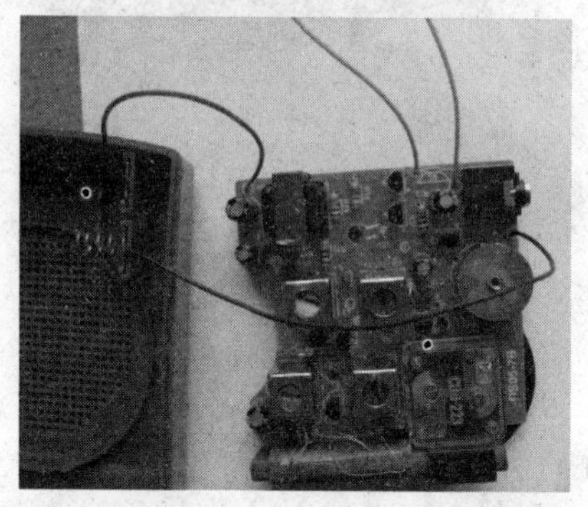

图 4.26　安装电池极片

（3）安装扬声器、音量拨盘及贴频率片如图 4.27 所示。

图 4.27　安装扬声器、音量拨盘及贴频率片

（4）收音机安装成功，如图 4.28 所示。

图 4.28　DS05-7B 型超外差式收音机成品

检测与检修

任务 4.3.1 检测收音机电路

收音机机芯装配完后，即可进行整机调试。调试的主要内容有三极管静态工作点调整、中频频率调整、接收频率范围调整、统调 4 个方面。

调整三极管静态工作点的方法，通常是用万用表测量三极管集电极的静态电流。后 3 项的调整方法主要有两种：一是在具备高频信号发生器和示波器的条件下，使用仪器进行准确调整；二是在没有专业仪器的情况下，利用接收到的电台信号进行粗略调整。

（一）三极管静态工作点调整

通过调整三极管上偏置电阻的阻值，使其工作在最佳状态。

（二）中频频率调整

通过调整中频变压器的电感量，使其谐振频率为 465kHz。

调整中频，就是调整各中频变压器的电感量，使它与其相并联的电容器组成的谐振电路谐振在 465kHz 中频频率上。一般中频变压器出厂时都已校准过，但新安装的收音机由于与它相并联的电容器存在容量误差，印制电路板线路间存在分布电容，所以会造成各中频变压器不同时谐振在同一个频率上，因此需要对中频变压器进行调整。这种调整原则上是微调，不可大范围地调整中频变压器的磁芯位置，以免调乱。

（三）接收频率范围调整

接收频率范围调整也称频率覆盖调整，通过调整振荡线圈的电感量和本机振荡回路的微调电容器来实现收音机接收的中波频率范围为 535～1605kHz。

本收音机的频率覆盖范围为 535～1605kHz，对应的本机振荡频率范围为 1.0～2.07MHz。中频变压器谐振频率校准后，将调谐拨盘直接紧固在双联可变电容的轴柄上，然后用螺钉紧固好，将机芯装入机壳内并用螺钉将它紧固在机壳上，这样即可进行频率覆盖调整了。

（四）统调

统调也叫跟踪调整，通过调整天线线圈在磁棒上的位置（改变天线线圈的电感量）和输入回路微调电容，使双联可变电容不论旋转到任何角度，天线线圈的谐振频率和本机振荡回路的频率差值都等于 465kHz，即 $f_{振}-f_{外}$=465kHz。满足这种关系时，我们称两个谐振回路同步，这样就可在下一级中频放大器中得到最大放大量，从而得到最高灵敏度。

任务 4.3.2　检修收音机电路

（一）修理检测方法

（1）检测前提：安装正确，元器件无差错，无缺焊、错焊及搭焊。

（2）检测要领：一般由后级向前检测，先检测低功放级（低频功率放大级），再看中放级（中频放大级）和变频级。

（二）整机无声用 MF47 型万用表检查故障方法

用万用表 R×1 挡，黑表笔接地，红表笔从后级往前级寻找，对照电路原理图，从喇叭开始，顺着信号传播方向逐级往前碰触，喇叭应发出“喀喀”声。当碰触到哪级无声时，则故障就在该级，可测量工作点是否正常，并检查有无接错、焊错、搭焊、虚焊等。若在整机上无法查出某元器件的好坏，则可拆下检查。

（三）排除组装调整中出现的问题

（1）变频部分：判断变频级是否起振，用 MF47 型万用表直流 2.5V 挡接 VT_1 发射极，黑表笔接地，然后用手摸双联振荡联，万用表指针应向左摆动，说明电路工作正常，否则说明电路中有故障。变频级工作电流不宜太大，否则噪声大。红色振荡线圈外壳两脚均应弯脚焊牢，以防调谐盘卡盘。

（2）中频部分：中频变压器（中周）T_2 振荡、T_3 中频 1、T_4 中频 2、T_5 中频耦合，安装顺序不要颠倒，红色、黄色、白色、绿色磁帽不要乱调整，否则影响 465Hz 频率。中周接地脚（屏蔽罩）要刮脚清理，否则不易挂焊锡焊接。引脚不用挂锡。中频变压器序号位置搞错，结果是灵敏度和选择性降低，有时有自激现象。黄色中周两脚都应该焊牢，否则将产生自激。

（3）低频部分：输入、输出位置搞错，虽然工作电流正常，但音量很低，VT_6、VT_7 集电极（c）和发射极（e）搞错，工作电流调不上，音量极低。

（4）天线线圈：电路原理图上输入回路的 T_1 线圈初级、次级的 1、2、3、4 位置应与印制电路板上 T_1 线圈电子符号 1、2、3、4 对应。线圈注意保管，否则易折。在收音机整机印制电路板上所有元器件焊接好后，再焊上 T_1 线圈，焊时应先将线圈清理漆层并挂松香、焊锡。T_1 线圈引线太长，可在线圈上绕一圈后再焊到印制电路板对应的 1、2、3、4 点上。

（5）三极管：$\beta_{VT_1} \leqslant \beta_{VT_2} \leqslant \beta_{VT_3} \leqslant \beta_{VT_4}$，$VT_1$ 的 β 为 70 左右，VT_2、VT_3、VT_4 的 β 为 110～180；VT_6、VT_7 的 β 大约相等，为 250 左右。三极管采用立式焊接，引脚不易太短，否则在维修时不便拆卸，三极管 3 个极不要焊错，否则易损坏三极管。

（6）元器件焊接顺序：电子元器件焊接时先焊电阻、电容，再焊三极管等，按先小后大的顺序。

（7）输入变压器：输入变压器 T_6 线圈骨架有一凸塑料点，要与印制电路板输入变压器电子符号上白点对应。当输入变压器引脚位置焊错，拆卸时，注意应将引脚的焊锡吸除干净，否则拆卸输入变压器引脚时，易断脚或断线（内部引线断线）。

（8）印制电路板上的 A、B、C、D、E 调试点（静态无信号）：将 T_1 线圈断开，调试测

量三极管 VT_1～VT_7 静态电流后焊上 A、B、C、D、E 点。

（9）发光二极管：先判断发光二极管的正、负极，将发光二极管引脚预留 11mm，应折弯 180°，安装在印制电路板上并使发光二极管对准收音机塑料机壳前面板电源指示孔。

（10）扬声器固定：天线磁棒塑料架装在印制电路板元器件引脚焊接面一侧并用螺钉固定，喇叭安装时，喇叭应与印制电路板喇叭连接端引线近一些，将喇叭装入收音机塑料机壳前面板，将旁边 3 个凸起塑料点用电烙铁加热折弯固定上喇叭。

（11）可变电容：电容引线（动片、定片、3 个脚折弯或减去部分引脚）要使动片、定片、3 个引脚矮一些，否则用手拨动圆拨盘调谐收音时圆拨盘转动不流畅。固定时，同天线支架一起紧固在焊接面一侧，先用螺钉固定天线支架和可变电容，再焊接。

任务评价

1. 工艺准备的评价表

工艺准备的评价表如表 4.4 所示。

表 4.4 工艺准备的评价表

项 目	考核内容	配 分	评价标准	评分记录
工具的选用	正确选用装配工具	5	种类、规格及数量不对或摆放不整齐每项扣 2 分	
元器件识读与检测	准确识读元器件 检测方法正确，操作熟练 测量结果准确	10	识别、识读每错 1 项扣 1 分 方法不正确、不熟练扣 2 分 结果不准确每项扣 1 分	
识读技术文件	识读印制电路板图及装配图 识读工艺文件明细表 识读装配工艺过程卡	5	不能正确读图扣 2 分 不能识读装配工艺过程卡扣 2 分	
小 计		20	总 分	

2. 安装要点与步骤的评价表

安装要点与步骤的评价表如表 4.5 所示。

表 4.5 安装要点与步骤的评价表

项 目	考核内容	配 分	评价标准	评分记录
插装	元器件引脚成形符合要求；元器件装配到位，装配高度、装配形式符合规范	20	工艺不良每项扣 2 分	
焊接	焊点符合标准，剪脚整齐 无损坏元器件 无焊盘翘起、脱落	20	焊点、剪脚不良每处扣 1 分 损坏元器件每个扣 2 分 焊盘损坏每处扣 2 分	
总装	连线、总装无差错；无烫伤导线、塑料件、外壳；外壳及紧固件装配到位，不松动、不压线，拨盘灵活	10	总装工艺不合要求每处扣 2 分	

续表

项　目	考核内容	配　分	评价标准	评分记录
安全、文明生产	遵守安全操作规范 无短路、损坏仪器等事故发生 工具、元器件等摆放整齐、合理，遵守5S管理法	10	操作不规范扣2分 发生损坏事故扣5分 工具、元器件摆放不整齐扣2分	
小　计		60	总　分	

3. 检测与检修的评价表

检测与检修的评价表如表4.6所示。

表4.6　检测与检修的评价表

项　目	考核内容	配　分	评价标准	评分记录
检测与调试	能熟练使用万用表测量静态工作点 会用两种方法进行中频频率调整、频率覆盖调整和统调	10	测量方法不正确、结果错误每项扣1分 中频频率调整方法不正确扣2分，调乱或损坏中周扣2分 频率覆盖调整方法不正确扣2分，误差大扣2分 统调方法不正确扣2分，效果不佳扣2分	
使用功能	整机性能好，声音清晰、宏亮	5	整机性能不好或一次未成功扣1～5分	
安全、文明生产	遵守安全操作规范 无短路、损坏仪器等事故发生 工具、元器件等摆放整齐、合理，遵守5S管理法	5	操作不规范扣2分 发生损坏事故扣5分 工具、元器件摆放不整齐扣2分	
小　计		20	总　分	

4. DS05-7B型超外差式收音机的评价表

DS05-7B型超外差式收音机的评价表如表4.7所示。

表4.7　DS05-7B型超外差式收音机的评价表

项目名称	任务内容		配　分	评分记录
超外差式收音机	1	工艺准备	20	
	2	安装要点与步骤	60	
	3	检测与检修	20	
合　计			100	

附 录 A

教育部2009年颁发的《中等职业学校电子技术基础与技能教学大纲》

一、课程性质与任务

本课程是中等职业学校电类专业的一门基础课程。其任务是：使学生掌握电子信息类、电气电力类等专业必备的电子技术基础知识和基本技能，具备分析和解决生产生活中一般电子问题的能力，具备学习后续电类专业技能课程的能力；对学生进行职业意识培养和职业道德教育，提高学生的综合素质与职业能力，增强学生适应职业变化的能力，为学生职业生涯的发展奠定基础。

二、课程教学目标

使学生初步具备查阅电子元器件手册并合理选用元器件的能力；会使用常用电子仪器仪表；了解电子技术基本单元电路的组成、工作原理及典型应用；初步具备识读电路图、简单印制电路板和分析常见电子电路的能力；具备制作和调试常用电子电路及排除简单故障的能力；掌握电子技能实训安全操作规范。

结合生产生活实际，了解电子技术的认知方法，培养学习兴趣，形成正确的学习方法，有一定的自主学习能力；通过参加电子实践活动，培养运用电子技术知识和工程应用方法解决生产生活中相关实际电子问题的能力；强化安全生产、节能环保和产品质量等职业意识，养成良好的工作方法、工作作风和职业道德。

三、教学内容结构

教学内容由基础模块和选学模块两个部分组成。

1．基础模块是各专业学生必修的基础性内容和应该达到的基本要求，教学时数为 84 学时。

2．选学模块是适应不同专业需要，以及不同地域、学校的差异，满足学生个性发展的选学内容，选定后即为该专业的必修内容，教学时数不少于 12 学时。

3．课程总学时数不少于 96 学时。

四、教学内容与要求

基础模块

第一部分　模拟电子技术

教学单元	教学内容	教学要求与建议
二极管及其应用	二极管的特性、结构与分类	通过实验或演示，了解二极管的单向导电性； 了解二极管的结构、电路符号、引脚、伏安特性、主要参数，能在实践中合理使用二极管； 了解硅稳压管、发光二极管、光电二极管、变容二极管等特殊二极管的外形特征、功能和实际应用； 能用万用表判别二极管的极性和质量优劣
	整流电路及应用	通过示波器观察整流电路输出电压的波形，了解整流电路的作用及工作原理； 能从实际电路图中识读整流电路，通过估算，会合理选用整流电路元件的参数； 通过查阅资料，能列举整流电路在电子技术领域的应用； 搭接由整流桥组成的应用电路，会使用整流桥
	滤波电路的类型和应用	能识读电容滤波、电感滤波、复式滤波电路图； 通过查阅资料，了解滤波电路的应用实例； 通过示波器观察滤波电路输出电压的波形，了解滤波电路的作用及工作原理； 会估算电容滤波电路的输出电压
	实训项目：整流、滤波电路的测试	能焊接整流、滤波电路； 会用万用表和示波器测量相关电量参数和波形； 通过实验，了解滤波元件参数对滤波效果的影响
三极管及放大电路基础	三极管及应用	通过三极管日常应用实例，了解三极管电流放大特点； 掌握三极管的结构及符号，能识别引脚，了解特性曲线、主要参数、温度对特性的影响，在实践中能合理使用三极管； 会用万用表判别三极管的引脚和质量优劣
	放大电路的构成	能识读和绘制基本共射放大电路； 从实例入手，理解共射放大电路主要元件的作用
	放大电路的分析	了解放大器直流通路与交流通路； 了解小信号放大器性能指标（放大倍数、输入电阻、输出电阻）的含义； 会使用万用表调整三极管的静态工作点
	放大器静态工作点的稳定	通过实验或演示，了解温度对放大器静态工作点的影响； 能识读分压式偏置、集电极-基极偏置放大器的电路图； 了解分压式偏置放大器的工作原理； 搭接分压式偏置放大器，会调整静态工作点
常用放大器	集成运算放大器	了解集成运放的电路结构及抑制零点漂移的方法，理解差模与共模、共模抑制比的概念； 掌握集成运放的符号及器件的引脚功能； 了解集成运放的主要参数，了解理想集成运放的特点； 能识读由理想集成运放构成的常用电路（反相输入、同相输入、差分输入运放电路和加法、减法运算电路），会估算输出电压值； 了解集成运放的使用常识，会根据要求正确选用元器件； 会安装和使用集成运放组成的应用电路； 理解反馈的概念，了解负反馈应用于放大器中的类型

续表

教学单元	教学内容	教学要求与建议
常用放大器	低频功率放大器	列举低频功率放大器的应用，了解低频功率放大电路的基本要求和分类； 能识读 OTL、OCL 功率放大器的电路图； 了解功放器件的安全使用知识； 了解典型功放集成电路的引脚功能，能按工艺要求装接典型电路
	实训项目：音频功放电路的安装与调试	会熟练使用示波器，会使用低频信号发生器； 会安装与调试音频功放电路（前置放大器由集成运放构成）； 会判断并检修音频功放电路的简单故障

第二部分　数字电子技术

教学单元	教学内容	教学要求与建议
数字电路基础	脉冲与数字信号	理解模拟信号与数字信号的区别； 了解脉冲波形主要参数的含义及常见脉冲波形； 掌握数字信号的表示方法，了解数字信号在日常生活中的应用
	数制与编码	掌握二进制、十六进制数的表示方法； 能进行二进制、十进制数之间的相互转换； 了解 8421BCD 码的表示形式
	逻辑门电路	掌握与门、或门、非门基本逻辑门的逻辑功能，了解与非门、或非门、与或非门等复合逻辑门的逻辑功能，会画电路符号，会使用真值表； 了解 TTL、CMOS 门电路的型号、引脚功能等使用常识，并会测试其逻辑功能； 能根据要求，合理选用集成门电路
组合逻辑电路	组合逻辑电路的基本知识	掌握组合逻辑电路的分析方法和步骤； 了解组合逻辑电路的种类
	编码器	通过实验或应用实例，了解编码器的基本功能； 了解典型集成编码电路的引脚功能并能正确使用
	译码器	通过实验或日常生活实例，了解译码器的基本功能； 了解典型集成译码电路的引脚功能并能正确使用； 了解常用数码显示器件的基本结构和工作原理； 通过搭接数码管显示电路，学会应用译码显示器
	实训项目：制作三人表决器	能根据功能要求设计逻辑电路； 会安装电路，实现所要求的逻辑功能
触发器	RS 触发器	了解基本 RS 触发器的电路组成，通过实验掌握 RS 触发器所能实现的逻辑功能； 了解同步 RS 触发器的特点、时钟脉冲的作用，了解逻辑功能
	JK 触发器	熟悉 JK 触发器的电路符号； 了解 JK 触发器的逻辑功能和边沿触发方式； 会使用 JK 触发器； 通过实验，掌握 JK 触发器的逻辑功能
	实训项目：制作四人抢答器	会用触发器安装电路，实现所要求的逻辑功能
时序逻辑电路	寄存器	了解寄存器的功能、基本构成和常见类型； 了解典型集成移位寄存器的应用

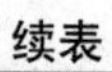
续表

教学单元	教学内容	教学要求与建议
时序逻辑电路	计数器	了解计数器的功能及计数器的类型； 掌握二进制、十进制等典型集成计数器的外特性及应用
	实训项目：制作秒计数器	可按工艺要求制作印制电路板； 会安装电路，实现计数器的逻辑功能

选学模块

第一部分　模拟电子技术

教学单元	教学内容	教学要求与建议
二极管及其应用	整流电路的应用	了解三相整流电路的组成与特点
三极管及放大电路基础	放大电路的构成	通过比较，了解共射、共集和共基3种放大电路的电路构成特点
	放大电路的分析	会使用公式估算静态工作点、输入电阻、输出电阻和电压放大倍数
	多级放大电路	能区分多级放大电路的级间耦合方式； 通过比较，了解3种耦合方式的优缺点； 通过电子产品的实例，了解幅频特性指标的重要性； 了解多级放大器的增益和输入电阻、输出电阻的概念及工程中的应用
直流稳压电源	集成稳压电源	了解三端集成稳压器件的种类、主要参数、典型应用电路，能识别其引脚； 能识读集成稳压电源的电路图
	开关式稳压电源	了解开关式稳压电源的框图及稳压原理； 了解开关式稳压电源的主要优点，列举其在电子产品中的典型应用
	实训项目：三端集成可调稳压器构成的直流稳压电源的组装与调试	会安装与调试直流稳压电源； 能正确测量稳压性能、调压范围； 会判断并检修直流稳压电源的简单故障
放大器	场效晶体管放大器	了解场效晶体管的结构、符号、电压放大作用和主要参数； 了解场效晶体管放大器的特点及应用
	谐振放大器	能识读典型谐振放大器的电路图，理解其工作原理； 了解典型谐振放大器主要性能指标及其在工程应用中的意义
	实训项目：组装收音机的中频放大电路	会组装中频放大电路； 会测试调整电路，可用扫频仪测量幅频特性
正弦波振荡电路	振荡电路的组成	掌握正弦波振荡电路的组成框图及类型； 理解自激振荡的条件
	常用振荡器	能识读LC振荡器、RC桥式振荡器、石英晶体振荡器的电路图； 了解振荡电路的工作原理，能估算振荡频率
	实训项目：制作正弦波振荡电路	会安装与调试RC桥式音频信号发生器或LC接近开关电路； 能用示波器观测振荡波形，可用频率计测量振荡频率； 能排除振荡器的常见故障

续表

教学单元	教学内容	教学要求与建议
高频信号处理电路	调幅与检波	了解调幅波的基本性质，了解调幅与检波的应用； 能识读二极管调幅电路图； 能识读二极管包络检波的电路图，了解其检波原理； 可通过示波器观测调幅收音机检波电路的波形，了解检波电路的功能
	调频与鉴频	了解调频波的基本性质，了解调频与鉴频的应用； 了解调频电路的工作原理； 能识读集成斜率鉴频器的电路图，了解其工作原理； 可通过示波器观测调频收音机鉴频电路的波形，了解鉴频电路的功能
	混频器	通过典型应用实例，了解混频器的功能； 能识读三极管混频器的电路图，了解其工作原理
	实训项目：组装调幅调频收音机	会按电路图组装收音机； 会进行中频频率调整、频率覆盖调整及统调； 会分析并排除收音机电路的常见故障
晶闸管及其应用电路	一般晶闸管及其应用	了解晶闸管的基本结构、符号、引脚排列、工作特性等常识； 了解晶闸管在可控整流、交流调压等方面的应用
	特殊晶闸管及其应用	了解特殊晶闸管的特点； 了解特殊晶闸管的应用
	实训项目：制作家用调光台灯电路	会选用元器件； 会组装调试电路

第二部分　数字电子技术

教学单元	教学内容	教学要求与建议
数字电路基础	逻辑函数化简	了解逻辑代数的表示方法和运算法则； 会用逻辑代数基本公式化简逻辑函数，了解其在工程应用中的实际意义
脉冲波形的产生与变换	常见脉冲产生电路	了解多谐振荡器、单稳触发器、施密特触发器的功能及基本应用
	时基电路的应用	了解555时基电路的引脚功能和逻辑功能； 了解555时基电路在生活中的应用实例，会用555时基电路搭接多谐振荡器、单稳触发器、施密特触发器
	实训项目：555时基电路的应用	会装配、测试、调整应用电路； 能画出相关信号波形； 能排除常见故障
触发器	D触发器	掌握D触发器的电路符号和逻辑功能； 通过实验，掌握D触发器的应用
数模转换和模数转换	数模转换	了解数模转换的基本概念，列举其应用； 了解典型集成数模转换电路的引脚功能和应用电路的连接方法
	模数转换	了解模数转换的基本概念，列举其应用； 了解典型集成模数转换电路的引脚功能和应用电路的连接方法
	实训项目：数模转换与模数转换集成电路的使用	会搭接数模转换集成电路的典型应用电路，观察现象，并测试相关数据； 会搭接模数转换集成电路的典型应用电路，观察现象，并测试相关数据

五、教学实施

（一）学时安排建议

模块	教学单元		建议学时数	
基础模块	模拟电子技术	二极管及其应用	10	84
		三极管及放大电路基础	10	
		常用放大器	20	
	数字电子技术	数字电路基础	10	
		组合逻辑电路	12	
		触发器	10	
		时序逻辑电路	12	
选学模块	模拟电子技术	二极管及其应用	2	80
		三极管及放大电路基础	4	
		直流稳压电源	10	
		放大器	8	
		正弦波振荡电路	8	
		高频信号处理电路	16	
		晶闸管及其应用电路	10	
	数字电子技术	数字电路基础	2	
		脉冲波形的产生与变换	12	
		触发器	2	
		数模转换和模数转换	6	

实行学分制的学校，可按16～18学时折合1学分计算。

（二）教学方法建议

1．以学生发展为本，重视培养学生的综合素质和职业能力，以适应电子技术快速发展带来的职业岗位变化，为学生的可持续发展奠定基础。为适应不同专业及学生学习需求的多样性，可通过对选学模块教学内容的灵活选择，体现课程的选择性和教学要求的差异性。教学过程中，应融入对学生职业道德和职业意识的培养。

2．坚持“做中学、做中教”，积极探索理论和实践相结合的教学模式，使电子技术基本理论的学习和基本技能的训练与生产生活中的实际应用相结合。引导学生通过学习过程的体验或典型电子产品的制作等，提高学习兴趣，激发学习动力，掌握相应的知识和技能。对于课程教学内容中的主要元器件和典型电路，要引导学生通过查阅相关资料分析其外部特性和功能，分析其在生产生活实践中的典型应用，了解其工作特性和使用方法，并学会正确使用。

（三）教材编写建议

教材编写应以本教学大纲为基本依据。

1．合理安排基础模块和选学模块内容，可根据不同专业、不同教学模式编写相应教材。

2．应体现以就业为导向、以学生为本的原则，将电子技术的基本原理与生产生活中的实际应用相结合，注重实践技能的培养，注意反映电子技术领域的新知识、新技术、新工艺和新材料。

3．应符合中职学生的认知特点，努力提供多介质、多媒体、满足不同教学需求的教材及数字化教学资源，为教师教学与学生学习提供较为全面的支持。

（四）现代教育技术的应用建议

教师应重视现代教育技术与课程教学的整合，充分发挥计算机、互联网等现代信息技术的优势，提高教学的效率和质量。应充分利用数字化教学资源，创建适应个性化学习需求、强化实践技能培养的教学环境，积极探索信息技术条件下教学模式和教学方法的改革。

六、考核与评价

1．考核与评价要坚持结果评价和过程评价相结合，定量评价和定性评价相结合，教师评价和学生自评、互评相结合，使考核与评价有利于激发学生的学习热情，促进学生的发展。

2．考核与评价要根据本课程的特点，改革单一考核方式，不仅关注学生对知识的理解、技能的掌握和能力的提高，还要重视规范操作、安全文明生产等职业素质的形成，以及节约能源、节省原材料与爱护工具设备、保护环境等意识与观念的树立。

附 录 B

电子设备装接工国家职业标准

1．职业概况

1.1 职业名称

电子设备装接工。

1.2 职业定义

使用设备和工具装配、焊接电子设备的人员。

1.3 职业等级

本职业共设 5 个等级，分别为：初级（国家职业资格五级）、中级（国家职业资格四级）、高级（国家职业资格三级）、技师（国家职业资格二级）、高级技师（国家职业资格一级）。

1.4 职业环境

室内、外，常温。

1.5 职业能力特征

具有较强的计算机和空间感、形体知觉。手臂、手指灵活，动作协调。色觉、嗅觉、听觉正常。

1.6 基本文化程度

初中毕业（或同等学力）。

1.7 培训要求

1.7.1 培训期限

全日制职业学校教育，根据其培养目标和教学计划确定晋级培训期限为：初级不少于 480 标准学时；中级不少于 360 标准学时；高级不少于 280 标准学时；技师不少于 240 标准学时；高级技师不少于 200 标准学时。

1.7.2 培训教师

培训初级、中级、高级的教师应具有本职业技师职业资格证书或相关专业中级及以上专业技术职务任职资格；培训技师的教师应具有本职业高级技师职业资格证书或相关专业高级专业技术职务任职资格；培训高级技师的教师应具有本职业高级技师职业资格证书 3 年以上或相关专业高级专业技术职务任职资格。

1.7.3 培训场所设备

理论培训场地应具有可容纳 20 名以上学员的标准教室，并配备合适的示教设备。实际操作培训场所应具有标准、安全工作台及各种检验仪器、仪表等。

1.8 鉴定要求

1.8.1 适用对象

从事或准备从事本职业的人员。

1.8.2 申报条件

——初级（具备以下条件之一者）

（1）经本职业初级正规培训达规定标准学时数，并取得结业证书。

（2）在本职业连续从事或见习工作 2 年以上。

（3）本职业学徒期满。

——中级（具备以下条件之一者）

（1）取得本职业初级职业资格证书后，连续从事本职业工作 3 年以上，经本职业中级正规培训达规定标准学时数，并取得结业证书。

（2）取得本职业初级职业资格证书后，连续从事本职业工作 5 年以上。

（3）连续从事本职业工作 7 年以上。

（4）取得经劳动保障行政部门审核认定的、以中级技能为培养目标的中等以上职业学校本职业（专业）毕业证书。

——高级（具备以下条件之一者）

（1）取得本职业中级职业资格证书后，连续从事本职业工作 4 年以上，经本职业高级正规培训达规定标准学时数，并取得结业证书。

（2）取得本职业中级职业资格证书后，连续从事本职业工作 7 年以上。

（3）取得高级技工学校或经劳动保障行政部门审核认定的、以高级技能为培养目标的高等职业学校本职业（专业）毕业证书。

（4）取得本职业中级职业资格证书的大专以上本专业或相关专业毕业生，连续从事本职业工作 2 年以上。

——技师（具备以下条件之一者）

（1）取得本职业高级职业资格证书后，连续从事本职业工作 5 年以上，经本职业技师正规培训达规定标准学时数，并取得结业证书。

（2）取得本职业高级职业资格证书后，连续从事本职业工作 8 年以上。

（3）取得本职业高级职业资格证书的高级技工学校本职业（专业）毕业生，连续从事本职业工作满 2 年。

——高级技师（具备以下条件之一者）

（1）取得本职业技师职业资格证书后，连续从事本职业工作 3 年以上，经本职业高级技师正规培训达规定标准学时数，并取得结业证书。

（2）取得本职业技师职业资格证书后，连续从事本职业工作 5 年以上。

1.8.3 鉴定方式

分为理论知识考试和技能操作考核。理论知识考试采用闭卷笔试方式，技能操作考核采用现场实际操作方式。理论知识考试和技能操作考核均实行百分制，成绩皆达 60 分及以上者为合格。技师、高级技师还须进行综合评审。

1.8.4 考评人员与考生配比

理论知识考试考评人员与考生配比为 1:20，每个标准教室不少于 2 名考评人员；技能操作考核考评人员与考生配比为1:5，且不少于3名考评人员。综合评审委员不少于5人。

1.8.5 鉴定时间

理论知识考试时间不少于90分钟。技能操作考核：初级不少于180分钟；中级、高级、技师及高级技师不少于240分钟。综合评审时间不少于30分钟。

1.8.6 鉴定场所设备

理论知识考试在标准教室进行。技能操作考核在配备有必要的工具和仪器、仪表设备及设施，通风条件良好，光线充足，可安全用电的工作场所进行。

2. 基本要求

2.1 职业道德

2.1.1 职业道德基本知识

2.1.2 职业守则

（1）遵守法律、法规和有关规定。

（2）爱岗敬业，具有高度的责任心。

（3）严格执行工作程序、工作规范、工艺文件、设备维护和安全操作规程，保质保量和确保设备、人身安全。

（4）爱护设备及各种仪器、仪表、工具和设备。

（5）努力学习，钻研业务，不断提高理论水平和操作能力。

（6）谦虚谨慎，团结协作，主动配合。

（7）听从领导，服从分配。

2.2 基础知识

2.2.1 基础理论知识

（1）机械、电气识图知识。

（2）常用电工、电子元器件基础知识。

（3）常用电路基础知识。

（4）计算机应用基本知识。

（5）电气、电子测量基础知识。

（6）电子设备基础知识。

（7）电气操作安全规程知识。

（8）安全用电知识。

2.2.2 相关法律、法规知识

（1）《中华人民共和国质量法》的相关知识。

（2）《中华人民共和国标准化法》的相关知识。

（3）《中华人民共和国环境保护法》的相关知识。

（4）《中华人民共和国计量法》的相关知识。

（5）《中华人民共和国劳动法》的相关知识。

3. 工作要求

本标准对初级、中级、高级、技师和高级技师的技能要求依次递进，高级别涵盖低级别的要求。

3.1 初级

职业功能	工作内容	技能要求	相关知识
一、工艺准备	（一）识读技术文件	1. 能识读印制电路板装配图 2. 能识读工艺文件配套明细表 3. 能识读工艺文件装配工艺卡	1. 电子产品生产流程工艺文件 2. 电气设备常用文字符号
	（二）准备工具	能选用电子产品常用五金工具和焊接工具	1. 电子产品装接常用五金工具 2. 焊接工具的使用方法
	（三）准备电子材料与元器件	1. 能备齐常用电子材料 2. 能制作短连线 3. 能备齐合格的电子元器件 4. 能加工电子元器件的引线	1. 装接准备工艺常识 2. 短连线制作工艺 3. 电子元器件直观检测与筛选知识 4. 电子元器件引线成形与浸锡知识
二、装接与焊接	（一）安装简单功能单元	1. 能手工插接印制电路板电子元器件 2. 能插接短连线	1. 印制电路板电子元器件手工插接工艺 2. 无源元件图形，半导体管、集成电路和电子管图形符号
	（二）连线与焊接	1. 能使用焊接工具手工焊接印制电路板 2. 能对电子元器件引线浸锡	电子产品焊接知识
三、检验与检修	（一）检验简单功能单元	1. 能检查印制电路板元器件插接工艺质量 2. 能检查印制电路板元器件焊接工艺质量	1. 简单功能装配工艺质量检测方法 2. 焊点要求，外观检查方法
	（二）检修简单功能单元	1. 能修正焊接、插装缺陷 2. 能拆焊	1. 常见焊点缺陷及质量分析知识 2. 电子元器件拆焊工艺 3. 拆焊方法

3.2 中级

职业功能	工作内容	技能要求	相关知识
一、工艺准备	（一）识读技术文件	1. 能识读方框图 2. 能识读接线图 3. 能识读线扎图 4. 能识读工艺说明 5. 能识读安装图	1. 电子元器件的图形符号 2. 整机的工艺文件 3. 简单机械制图知识
	（二）准备工具	1. 能选用焊接工具 2. 能对浸焊设备进行维护保养	1. 电子产品装接焊接工具 2. 浸焊设备的工作原理
	（三）准备电子材料与元器件	1. 能对导线预处理 2. 能制作线扎 3. 能测量常用电子元器件	1. 线扎加工方法 2. 导线和连接器件图形符号 3. 常用仪表测量知识
二、装接与焊接	（一）安装功能单元	1. 能装配功能单元 2. 能进行简单机械加工与装配 3. 能进行钳工常用设备和工具的保养	1. 功能单元装配工艺知识 2. 钳工基本知识 3. 功能单元安装方法
	（二）连线与焊接	1. 能焊接功能单元 2. 能压接、绕接、铆接、粘接 3. 能操作自动化插接设备和焊接设备	1. 绕接技术 2. 粘接知识 3. 焊接设备操作工艺要求

续表

职业功能	工作内容	技能要求	相关知识
三、检验与检修	（一）检验功能单元	1．能检测功能单元 2．能检验功能单元的安装、焊接、连线	1．功能单元的工作原理 2．功能单元安装连线工艺知识
	（二）检修功能单元	1．能检修功能单元装接中焊点、扎线、布线、装配质量问题 2．能修正功能单元布线、扎线	1．电子工艺基础知识 2．功能单元产品技术要求

4．比重表

4.1 理论知识

项目			初级（%）	中级（%）	高级（%）	技师（%）	高级技师（%）
基本要求		职业道德	5	5	5	5	—
		基础知识	20	20	20	—	—
相关知识	工艺准备	识读技术文件	5	5	5	—	—
		编制技术文件	—	—	—	10	5
		准备工具	5	5	5	—	—
		准备电子材料与元器件	10	10	10	10	10
	装接与焊接	安装简单功能单元	10	—	—	—	—
		连线与焊接	30	—	—	—	—
		安装功能单元	—	10	—	—	—
		连线与焊接	—	30	—	—	—
		安装整机	—	—	10	—	—
		连线与焊接	—	—	30	—	—
		安装复杂整机	—	—	—	10	—
		连线与焊接	—	—	—	30	—
		安装大型设备系统或复杂整机样机	—	—	—	—	10
		连线与焊接	—	—	—	—	30
	检验与检修	检验简单功能单元	5	—	—	—	—
		检验功能单元	—	5	—	—	—
		检验整机	—	—	5	—	—
		检验复杂整机	—	—	—	5	—
		检验大型设备系统或复杂整机样机	—	—	—	—	5
		检修简单功能单元	10	—	—	—	—
		检修功能单元	—	10	—	—	—
		检修整机	—	—	10	—	—

续表

项目			初级（%）	中级（%）	高级（%）	技师（%）	高级技师（%）
相关知识	检验与检修	检修复杂整机	—	—	—	10	—
		检修大型设备系统或复杂整机样机	—	—	—	—	10
	培训与管理	培训	—	—	—	10	10
		质量管理	—	—	—	10	10
		生产管理	—	—	—	—	10
合计			100	100	100	100	100

4.2 技能操作

项目			初级（%）	中级（%）	高级（%）	技师（%）	高级技师（%）
技能要求	工艺准备	识读技术文件	5	5	5	—	—
		编制技术文件	—	—	—	5	5
		准备工具	10	10	10	—	—
		准备电子材料与元器件	10	10	10	10	10
	装接与焊接	安装简单功能单元	20	—	—	—	—
		连线与焊接	40	—	—	—	—
		安装功能单元	—	20	—	—	—
		连线与焊接	—	40	—	—	—
		安装整机	—	—	20	—	—
		连线与焊接	—	—	40	—	—
		安装复杂整机	—	—	—	10	—
		连线与焊接	—	—	—	40	—
		安装大型设备系统或复杂整机样机	—	—	—	—	10
		连线与焊接	—	—	—	—	40
	检验与检修	检验简单功能单元	5	—	—	—	—
		检验功能单元	—	5	—	—	—
		检验整机	—	—	5	—	—
		检验复杂整机	—	—	—	5	—
		检验大型设备系统或复杂整机样机	—	—	—	—	5
		检修简单功能单元	10	—	—	—	—
		检修功能单元	—	10	—	—	—
		检修整机	—	—	10	—	—
		检修复杂整机	—	—	—	10	—
		检修大型设备系统或复杂整机样机	—	—	—	—	10

续表

项目			初级（%）	中级（%）	高级（%）	技师（%）	高级技师（%）
技能要求	培训与管理	培训	—	—	—	10	10
		质量管理	—	—	—	10	5
		生产管理	—	—	—	—	5
合　计			100	100	100	100	100

注：本《标准》中使用了功能单元、整机、复杂整机和大型设备系统等概念，其含义如下。

1. 功能单元——本《标准》指的是由材料、零件、元器件和（或）部件等经装配连接组成的具有独立结构和一定功能的产品。图样管理中将其称为部件、整件。本《标准》强调功能，因此称其为功能单元。一般可认为，它是构成整机的基本单元。

功能单元的划分通常取决于结构和电气要求，因此，同一类型的设备划分很可能都不一样，或大或小，或简单或复杂，不一而是。经常遇到的功能单元大致有电源和电源模块，调制电路，放大电路，滤波电路，锁相环电路，AFC 电路，AGC 电路，变频器，线性、非线性校正电路，视、音频处理电路，解调器，数字信号处理电路，单板机等。

2. 整机——功能单元（整件）作为产品出厂时又称整机：一般将其定位于含功能单元较少、电路相对简单、功能较为单一的产品；或者，功能虽能相当复杂，但尺寸较小、电平极低的产品谓之。

3. 复杂整机——由若干功能单元（整件）相互连接而共同构成能完成某种完整功能的整套产品。这些产品的连接一般可在使用地点完成。

4. 大型设备系统——由若干整机和（或）功能单元组成的大型系统。

附 录 C

电子设备装接工考核试题

职业技能鉴定国家题库

电子设备装接工初级理论知识测试样卷

注意事项

1．本试卷以《国家职业标准　电子设备装接工》为依据，考试时间：60分钟。

2．请在试卷密封处填写姓名、准考证号和所在单位的名称。

3．请仔细阅读各题要求，在规定位置填写答案。

	一	二	总分
得分			

得分	
评分人	

一、单项选择题（第1题至第80题。选择正确的答案，将相应的字母填入题内的括号中。每题1分，满分80分）

1．职业道德是指从事一定职业劳动的人们，在长期的职业活动中形成的（　　）。

A．行为规范　　B．操作程序　　C．劳动技能　　D．思维习惯

2．市场经济条件下，不符合爱岗敬业要求的是（　　）的观念。

A．树立职业理想　　B．强化职业责任

C．干一行爱一行　　D．多转行多受锻炼

3．手工焊接可分为绕焊、钩焊、（　　）和插焊4类。

A．临时焊　　B．立焊　　C．搭焊　　D．直接焊

4．在拆焊时，划针（通针）用于穿孔或协助电烙铁进行（　　）恢复。

A．焊点　　B．焊锡　　C．焊孔　　D．印制电路板

5．变压器的额定容量是指变压器在（　　）条件下所允许的输入功率值。

A．规定　　B．温度一定　　C．正常工作　　D．空载

6．电解电容器的工作电压（线路中的实际电压）应是电解电容器额定电压的（　　）。

A．0.1～0.3倍　　B．1.5～1.8倍　　C．2～3倍　　D．0.5～0.8倍

7．二极管两端加上正向电压时（　　）。

A．一定导通　　B．超过死区电压才能导通

C．超过 0.7V 才导通　　　　D．超过 0.3V 才导通

8．稳压二极管稳压时，其工作在（　　）。

A．正向导通区　　B．反向截止区　　C．反向击穿区　　D．饱和区

9．整流的目的是（　　）。

A．将交流变为直流　　　　B．将高频变为低频

C．将正弦波变为方波　　　　D．将正弦波变为三角波

10．助焊剂在焊接过程中所起的作用是（　　）。

A．清除被焊金属表面的氧化物和污垢

B．参与焊接，与焊料和焊盘金属形成合金

C．清除锡料的氧化物

D．有助于提高焊接温度

11．半导体三极管基极电流 I_b 等于（　　）。

A．I_c+I_e　　B．$I_c \cdot I_e$　　C．I_e-I_c　　D．I_e/I_c

12．利用万用表的（　　），可估测电解电容器的容量。

A．电流挡　　B．电阻挡　　C．直流电压挡　　D．交流电压挡

13．指针式万用表的红、黑表笔分别接被测二极管的两个引脚，读出阻值，表笔交换再次测量，两次测量的阻值一大一小，则（　　）。

A．阻值大的一次，黑表笔所接为二极管的正极

B．阻值小的一次，红表笔所接为二极管的正极

C．阻值小的一次，红表笔所接为二极管的负极

D．不能确定二极管的正、负极性

14．（　　）工作于反向击穿区。

A．开关二极管　　B．稳压二极管　　C．整流二极管　　D．检波二极管

15．4n7 所表示的电感量是（　　）。

A．4.7μH　　B．4.7nH　　C．47μH　　D．47nH

16．当测量电路中的直流电流很大时，说明电路存在（　　）。

A．虚焊　　B．开路　　C．断路　　D．短路

17．线材分为电线和电缆。它们又细分为裸线、电磁线、（　　）和通信电缆 4 种。

A．单芯电缆　　B．多芯电缆　　C．绝缘电线电缆　　D．同轴电缆

18．用数字万用表测量电压时，应使（　　）。

A．万用表串联在电路中，黑表笔接“COM”孔，红表笔接电流孔

B．万用表并联在电路中

C．红表笔接“COM”孔，黑表笔接电流孔

D．红表笔接“COM”孔，黑表笔接“VΩ”孔

19．沉头螺钉紧固后，允许其头部比被紧固的表面偏低（　　）。

A．不超过 0.5mm　　B．不超过 0.2mm　　C．不超过 0.3mm　　D．不超过 0.4mm

20．在识读装配图时，通过标题栏可以确定（　　）。

A．图号　　B．零件尺寸　　C．位置　　D．使用规范

21．用万用表检测电容器时，测得的数值为（　　）。

A．漏电电阻　B．正向电阻　C．方向电阻　D．导通电阻

22．在电子设备装接中，首先要排除的是（　　）。

A．电气故障　B．故障以后的故障

C．人为故障　D．通电调试前的故障

23．对电子设备进行保养时要注意防潮、防尘、避免日晒，暂时不用时应覆盖防尘罩放置在（　　）通风处，同时要定期通风除潮。

A．防振　B．平稳　C．干净　D．干燥

24．可变电容器的额定电压应高于其两端实际电压的（　　）。

A．2～3 倍　B．3 倍以上　C．2.5 倍　D．1～2 倍

25．在判定 NPN 型三极管的引脚时，首先确定的引脚是（　　）。

A．基极　B．集电极　C．发射极　D．任意脚

26．在印制电路板装配图中，应该清晰表示出（　　）。

A．元器件尺寸　B．元器件型号

C．有极性元器件的极性　D．元器件外形

27．印制电路板装配图属于（　　）。

A．工艺文件　B．设计文件　C．调试文件　D．明细表

28．下列使用电烙铁方法不正确的是（　　）。

A．长时间不用，应切断电源

B．可使用冷水给烙铁头降温

C．初次使用电烙铁一定要将烙铁头镀一层锡

D．使用时外壳要接地

29．元器件引脚成形可使用（　　）。

A．尖嘴钳　B．旋具　C．平口钳　D．偏口钳

30．下列电容器可以用万用表确定极性的是（　　）。

A．瓷片电容器　B．云母电容器

C．铝电解电容器　D．空气可变电容器

31．对于普通浸锡炉，当炉内焊料已充分熔化后，应（　　）。

A．尽快浸锡　B．及时转向保温挡

C．及时添加焊锡　D．暂时关掉电源

32．在五步焊接法中，（　　）。

A．应先移开焊锡再移开电烙铁　B．应先移开电烙铁再移开焊锡

C．应同时移开焊锡和电烙铁　D．焊锡和电烙铁在移开时不分先后顺序

33．在移开电烙铁时，以大约（　　）的方向为好。

A．30°　B．45°　C．60°　D．90°

34．下面所列工具，（　　）不适合做拆焊工具。

A．偏口钳　B．镊子　C．吸锡带　D．吸锡烙铁

35．装配工艺过程卡应属于（　　）的内容。

A．设计文件　B．管理文件　C．工艺文件　D．装配图

36．（　　）可用于剪断较粗的金属件。

A．尖嘴钳　　B．剥线钳　　C．平口钳　　D．偏口钳

37．在电子设备装配中，每一个零件、每一道（　　）、每一个环节都应遵循工艺规程和规章制度，按规定的各项要求严格认真执行。

A．工作　　B．工序　　C．流程　　D．工程

38．在多股导线的加工时，为防止浸锡后线端直径太粗应进行（　　）处理。

A．剥头　　B．去掉部分导线　　C．清洁　　D．捻头

39．电阻器上标有 223，此表示法为（　　）。

A．文字符号法　　B．色标法　　C．数码法　　D．直标法

40．变压器一次侧阻抗为 800Ω，二次侧阻抗为 8Ω，则此变压器的变比为（　　）。

A．100　　B．0.01　　C．10　　D．0.1

41．电子电路中“IC”表示（　　）。

A．电容　　B．插头　　C．集成电路　　D．电阻

42．插装电阻器时应使用（　　）。

A．立式插件机　　B．立体插件机　　C．水平式插件机　　D．径向插件机

43．五步法和三步法的操作时间一般在（　　）。

A．1s 内　　B．2s 内　　C．2～4s　　D．5～10s

44．插焊时，导线的剥头长度应比孔的深度（　　）。

A．长 1mm 左右　　B．长 3mm 以上　　C．短 1mm 左右　　D．短 2mm

45．焊接集成电路时，在保证浸润的前提下，焊接时间应不超过（　　）。

A．3s　　B．4s　　C．2s　　D．1s

46．焊接集成电路时，选用焊料的熔点一般为（　　）。

A．150° 以下　　B．200° 以下　　C．高于 150°　　D．300° 以下

47．对于直插式集成电路拆焊，要求快捷、稳妥时，应采用（　　）。

A．医用空心针头拆焊　　B．吸锡绳拆焊

C．剪断拆焊法　　D．专用拆焊电烙铁

48．在生产流水线上指导工人在印制电路板上进行元器件插装时应该用（　　）。

A．电路原理图　　B．方框图

C．实物装配图　　D．印制电路板装配图

49．基本工艺文件应包括（　　）。

A．零件工艺规程，装配工艺规程、专业工具、导线及加工表等

B．零件工艺规程，装配工艺规程、元器件工艺表、导线及加工表等

C．专业工艺规程，工艺说明及简图、元器件工艺表、导线及加工表等

D．专用工具、标准工具

50．将较粗的导线及元器件引脚成形使用（　　）。

A．尖嘴钳　　B．镊子　　C．平口钳　　D．偏口钳

51．选用十字螺钉旋具旋转螺钉时，应该使旋杆头部与螺钉十字槽（　　）。

A．相互接触　　B．相互吻合　　C．相互连接　　D．用力压实

52．电动螺钉旋具的工作电压应该使用（　　）。

A．220V　　B．110V　　C．48V　　D．安全电压

53．长寿型烙铁头比普通型烙铁头的寿命要长数倍，主要原因是长寿型烙铁头通常在紫铜烙铁头的外面渗透电镀了一层（　　）。

A．铁　　B．锌　　C．镍　　D．铁镍合金

54．导线的粗细标准称为线规，有线号制和线径制两种表示方法。按导线直径的大小（　　）数区分叫线径制。

A．dm（分米）　　B．cm（厘米）　　C．mm（毫米）　　D．nm（纳米）

55．RJ72 电阻器的材料是（　　）。

A．金属膜　　B．氧化膜　　C．碳膜　　D．合成膜

56．三极管具有电流（　　）作用。

A．转换　　B．传输　　C．减小　　D．放大

57．一只四色环电阻器的颜色依次是“蓝灰红银”，其阻值和偏差是（　　）。

A．680Ω±5%　　B．6.80kΩ±1%　　C．6.8kΩ±10%　　D．680kΩ±5%

58．一只五色环电阻器的颜色依次是“红黑黑棕金”，其阻值和偏差是（　　）。

A．200Ω±5%　　B．2.0kΩ±1%　　C．2.0kΩ±5%　　D．200kΩ±5%

59．电容器的额定电压是长期工作不致击穿电容器的（　　）。

A．最大值电压　　B．有效值电压　　C．平均值电压　　D．瞬时值电压

60．国家标准规定，电容器型号一般由四部分组成。其中第二部分用（　　）。

A．数字表示产品序号　　B．“C”表示电容主称

C．字母表示介质材料　　D．数字或字母表示外形、结构等分类

61．国产半导体器件的型号由五部分组成，其中第二部分表示的是器件的（　　）。

A．类型　　B．电极数目　　C．材料和极性　　D．规格号

62．一只二极管的型号是 2CK45A，其中第三部分“K”表示（　　）。

A．硅材料　　B．锗材料　　C．整流管　　D．开关管

63．电子产品中常用的“开关”、“接插件”、“继电器”等属于（　　）。

A．电抗元件　　B．机电元件　　C．电声元件　　D．半导体器件

64．晶体三极管 3 个电极引脚不能相互代替。有些大功率三极管只有两个电极引脚，金属外壳（　　）。

A．接发射极　　B．接基极

C．接集电极　　D．串一个电阻后，接集电极

65．大功率晶体管为了很好地散热一般都采用（　　）。

A．金属　　B．塑料　　C．金属与塑料　　D．陶瓷

66．大功率晶体管加装散热器是为了使晶体管工作在（　　）。

A．常温下　　B．规定结温以下　　C．50℃下　　D．100℃下

67．在维修过程中更换集成电路应该是（　　）。

A．同一精度等级　　B．同一种封装形式

C．同一型号的　　D．相同引脚数的

68．焊接质量差、助焊剂的还原性不良或用量少等，都是造成（　　）的原因。

A．连焊　　B．虚焊　　C．元器件损坏　　D．元器件错焊

69．电子产品焊接中，虚焊的实质是（　　）。

A. 电路时通时断 B. 焊料与被焊金属面没有形成合金结构

C. 焊料太少，焊点不饱满 D. 焊料太多，形成焊点上焊料堆积

70. 焊点有良好的外表是焊接质量的反映，表面有金属光泽是焊接温度合适（　　）的标志，这不仅是美观的要求。

A. 焊接时间合适 B. 生成合金层 C. 焊锡适量 D. 焊剂适量

71. 在电子产品手工焊接中，常将松香溶于酒精制成松香水，松香同酒精的比例一般以（　　）为宜。

A. 1:1 B. 2:1 C. 1:3 D. 5:1

72. 在电子产品焊接中，（　　）属于传统的焊接方式，但是至今没有哪一种方式能够完全取代它。

A. 手工烙铁焊 B. 波峰焊 C. 再流焊 D. 倒装焊

73. 在整个焊接过程中，焊接点处在（　　）是最佳焊接温度。

A. 183℃ B. 200℃ C. 240～250℃ D. 330～340℃

74. 螺纹连接有效长度一般不少于（　　）扣。

A. 1 B. 2 C. 3 D. 4

75. 电容 103 表示的容量为（　　）。

A. 100 pF B. 0.01 pF C. 0.01 μF D. 100 μF

76. 用万用表的电阻挡测量晶体管两个 PN 结的正、反向电阻的大小。若测得晶体管的任意一个 PN 结的正、反向电阻都很小，说明晶体管有（　　）。

A. 击穿现象 B. 良好 C. 断路现象 D. 损坏

77. 要使三极管处于放大状态，发射结和集电结的状态是（　　）。

A. 发射结和集电结都处于正偏 B. 发射结处于正偏，集电结处于反偏

C. 发射结处于反偏，集电结处于正偏 D. 发射结和集电结都处于反偏

78. MOS 集成电路在安装时主要是防止（　　）。

A. 雷击损坏 B. 加热损坏 C. 静电损坏 D. 机械损坏

79. 从控制作用来看，场效应管是（　　）控制元件。

A. 电流 B. 电压 C. 电阻 D. 电声

80. 根据二极管的单向导电性，其正向电阻小，反向电阻大，由此说明其性能（　　）。

A. 不好 B. 良好 C. 已经损坏 D. 已经击穿

得分	
评分人	

二、判断题（第 81 题至第 100 题。将判断结果填入括号中，正确的填“√”，错误的填“×”。每题 1 分，满分 20 分）

81.（　　）事业成功的人往往具有较高的职业道德。

82.（　　）职业纪律是企业的行为规范，企业纪律具有随意性的特点。

83.（　　）自攻螺钉不能作为经常拆卸或承受较大扭力的连接。

84.（　　）测量三极管集电极电流大，说明它可能工作在截止状态。

85.（　　）电阻器的标称阻值就是实际阻值。

86.（ ）用剥线钳剥导线头时，不能伤及芯线，但绝缘层没有严格规定。

87.（ ）测量有极性的电解电容器时，应先将电容器放电后再进行测量。

88.（ ）整机检修故障时，要求熟悉主要元器件的基本技术参数。

89.（ ）用万用表判定引脚的同时，也可以确定其质量的好坏。

90.（ ）由于集成电路耐热性能较差，故在焊接时应使用大功率的电烙铁，以减少焊接时间。

91.（ ）螺纹连接时，应保持垂直于安装孔表面的方向旋转。

92.（ ）印制电路板装配图属于工艺图。

93.（ ）焊接温度、时间及焊料、助焊剂的选择都会影响印制电路板的焊接质量。

94.（ ）焊接的理想状态是在较低的温度下缩短加热时间。

95.（ ）绝缘材料的导电能力很差，常用玻璃、塑料、陶瓷、云母等。

96.（ ）元器件在印制电路板上不允许有斜排、重叠排列，允许立体交叉。

97.（ ）在焊接元器件时用镊子夹住元器件能起到散热作用。

98.（ ）用小功率的电烙铁，通过延长焊接时间，可以焊接热容量大的元器件。

99.（ ）电动螺钉旋具设有限力装置，使用中超过规定力矩时会自动打滑。

100.（ ）工艺文件主要起组织生产、指导操作和进行质量管理等作用。

电子设备装接工初级理论知识测试样卷参考答案

一、单项选择题

1. A	2. D	3. C	4. C	5. C
6. D	7. B	8. C	9. A	10. A
11. C	12. B	13. C	14. B	15. B
16. D	17. C	18. B	19. B	20. A
21. A	22. D	23. D	24. D	25. A
26. C	27. B	28. B	29. A	30. C
31. B	32. A	33. B	34. A	35. C
36. C	37. B	38. D	39. C	40. C
41. C	42. C	43. C	44. A	45. C
46. A	47. D	48. D	49. B	50. C
51. B	52. D	53. D	54. C	55. A
56. D	57. C	58. C	59. A	60. C
61. C	62. D	63. B	64. C	65. A
66. B	67. C	68. B	69. B	70. B
71. C	72. A	73. C	74. C	75. C
76. A	77. B	78. C	79. B	80. B

二、判断题

81. √	82. ×	83. √	84. ×	85. ×
86. ×	87. √	88. √	89. √	90. ×
91. √	92. √	93. √	94. √	95. √
96. ×	97. √	98. ×	99. √	100. √

职业技能鉴定国家题库

电子设备装接工初级操作技能考核样卷

注 意 事 项

1．本试卷依据2007年颁布的《电子设备装接工 国家职业标准》命制。

2．本试卷试题如无特别注明，则为全国通用。

3．请考生仔细阅读试题的具体考核要求，并按要求完成操作。

4．操作技能考核时要遵守考场纪律，服从考场管理人员指挥，以保证考核安全顺利进行。

5．考试完成时间：180分钟。

第一题 电烙铁的选用与检测（5分，考核时间10分钟）

1．根据焊接产品需要，准备相应种类（内热式、外热式、恒温式）、规格（瓦数）的电烙铁。

2．检查烙铁头的形状，若不适应焊点的要求，则应对烙铁头修正或更换。

3．检查电源线外观及安装。

4．用万用表检查电烙铁有无短路、断路、外壳带电等现象。

将上述检查结果填入下表，若任意一个问题漏检，则扣除全部配分5分。

检查记录表

序 号	检 查 项 目	结 果	备 注
1	电烙铁的种类、规格与焊接产品相适应		
2	烙铁头的形状符合焊接产品焊点的要求		
3	电源线外观及安装		
4	电源线通电后正常工作，无安全隐患		

注：检查无问题，在“结果”一栏画钩；发现有问题，在“备注”栏写明问题及处理结果。

第二题 电阻器的识读并用万用表测量数值（15分，考核时间30分钟）

每个考生识读、测量5只电阻器，元器件识读测量后正确填写元器件识读、测量记录表。

元器件识读、测量记录表

序 号	电阻器色环颜色	标称阻值、偏差	万用表测量值
R_1			
R_2			
R_3			
R_4			
R_5			

第三题　安装分压式偏置电路（60 分，考核时间 100 分钟）

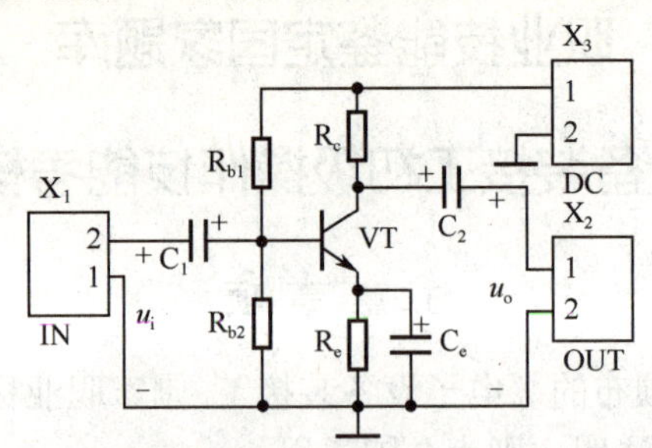

1．清点全部配套元器件，并用万用表逐个检测。元器件清点测量后，在元器件清单表“备注”栏画钩确认。

2．元器件引脚清除氧化层、弯折整形。

3．按提供的分压式偏置电路原理图（如上图所示）在印制电路板上插装元器件，不得错装和漏装。

4．焊接时要求无漏焊、连焊、虚焊，焊点光滑、无毛刺、干净。

第四题　检测分压式偏置电路的简单功能单元（20 分，考核时间 40 分钟）

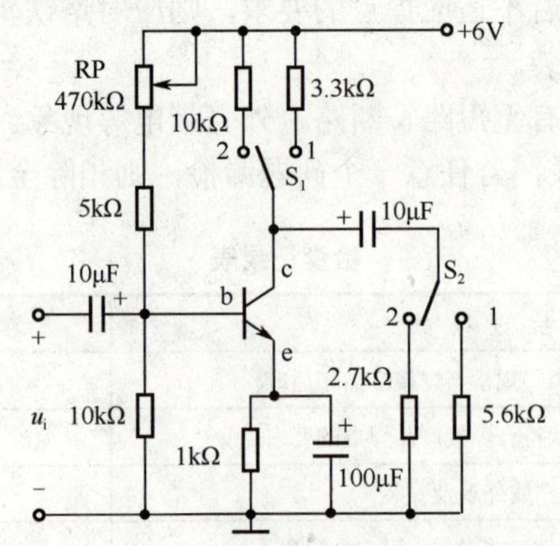

1．将分压式偏置电路的简单功能单元基板接电源，通电检测。

2．将三极管的直流工作状态填入电路电压放大倍数测量记录表。

电路电压放大倍数测量记录表

测量条件	R_c=3.3kΩ，R_L=5.6kΩ	R_c=10kΩ，R_L=5.6kΩ	R_c=3.3kΩ，R_L=2.7kΩ
U_i（mV）			
U_o（mV）			
A_u			

职业技能鉴定国家题库

电子设备装接工初级操作技能考核准备通知单（考场）

一、考场准备

1．考场环境：光线充足、环境整洁、无干扰，无腐蚀气体、液体污染。

2．考场面积：每名考生不少于 0.8 平方米，测试场地不少于 1.5 平方米。

3．安全供电：相应的电源供应，防静电、防火。

二、测量电阻器清单表

1	四色环电阻器（多种阻值）	2 只/人
2	五色环电阻器（多种阻值）	3 只/人

三、装接元器件清单表

代　号	名　称	型号、规格	数　量	备　注
1	三极管	9013	1 只/人	
2	电阻器	0.25W，1kΩ±5%	1 只/人	
3	电阻器	0.25W，2.7kΩ±5%	1 只/人	
4	电阻器	0.25W，3.3kΩ±5%	1 只/人	
5	电阻器	0.25W，5kΩ±5%	1 只/人	
6	电阻器	0.25W，5.6kΩ±5%	1 只/人	
7	电阻器	0.25W，10kΩ±5%	2 只/人	
8	可调电位器	470kΩ	1 只/人	
9	电容器	10μF/25V	2 只/人	
10	电容器	100μF/25V	1 只/人	

职业技能鉴定国家题库

电子设备装接工初级操作技能考核评分记录表

第一题 焊接工具的选用与检测（5分）

序号	考核内容	考核标准	评分标准	配分	得分
1	电烙铁的种类与规格	电烙铁的种类、规格与焊接产品相适应	种类或规格不适用扣3分	3	
2	烙铁头的形状	烙铁头的形状符合焊接产品焊点的要求	烙铁头的形状不符合焊点的要求扣2分	2	
3	电烙铁电源线	电源线无损，安装牢固	电源线破损、安装松动扣5分		
4	电烙铁的可用性、安全性	通电后正常工作	通电后不热或安全隐患漏查扣5分		
备注	每超时1分钟扣1分，超时10分钟扣除全部配分		合计	5	
			考评员签字：	日期：	

第二题 元器件识读（15分）

序号	考核内容	考核标准	评分标准	配分	得分
1	识别元器件的类型	能够准确判断元器件的类型	元器件的类型判断错误扣1分	5	
2	判断元器件的质量，识读元器件的数值	能够判断元器件的好坏，读出元器件的数值	好坏误判或数值读错扣1分	5	
3	判断元器件的极性，测量元器件的参数	用万用表判断元器件的极性，测量元器件的参数	极性判断错误或测量元器件参数错误扣1分	5	
备注			合计	15	
			考评员签字：	日期：	

第三题 单元电路的安装（60分）

序号	考核内容	考核标准	评分标准	配分	得分
1	元器件清点、检测	清点全部配套元器件，用万用表检测元器件的质量	超时后元器件短缺每件扣1分，元器件质量误判每件扣1分	10	
2	元器件引脚成形、镀锡	元器件引脚成形加工尺寸符合工艺要求，引脚镀锡符合工艺要求	基板成品检验时发现加工尺寸、整形折弯、镀锡不符合工艺要求每件扣1分	10	
3	元器件插装	元器件插装位置正确，元器件极性插装正确，插装方式正确	元器件漏装、错装、极性装反每件扣2分	20	
4	印制电路板焊接	无漏焊、连焊、虚焊，焊点光滑、无毛刺	每个不良焊点扣1分，此项最多扣20分	20	
备注	每超时1分钟扣1分，超时30分钟扣除全部配分		合计	60	
			考评员签字：	日期：	

第四题　电路功能的检测（20 分）

序　　号	考 核 内 容	考 核 标 准	评 分 标 准	配　　分	得　　分
1	功能单元板通电检查	功能单元板通电后静态电流正常	功能单元板加不上电源扣除全部配分 20 分，有短路现象扣除全部配分 20 分	10	
2	基本功能检查，电气指标检测	具备基本功能，关键点电压值准确，电气指标合格	基本功能不具备扣除 10 分，关键点电压值不准确每处扣 5 分，主要电气指标不合格一项扣 5 分	10	
备注	第 2 项最多扣 10 分，每超时 2 分钟扣 1 分，超时 40 分钟扣除全部配分		合计	20	
			考评员签字：	日期：	

评分人：　　　　年　　月　　日　　　　　　　　　　核分人：　　　　年　　月　　日

职业技能鉴定国家题库

电子设备装接工中级理论知识测试样卷

注 意 事 项

1．请首先按要求在试卷的标封处填写你的姓名、考号和所在单位的名称。

2．请仔细阅读各种题目的回答要求，在规定的位置填写你的答案。

3．不要在试卷上乱写乱画，不要在标封区填写无关内容。

4．考试时间 120 分钟，满分 100 分。

	一	二	总分
得分			

得分	
评分人	

一、单项选择题（第 1 题至第 80 题。选择正确的答案，将相应的字母填入题内的括号中。每题 1 分，满分 80 分）

1．职业道德与人的事业的关系是（　　）。

A．事业成功的人往往具有较高的职业道德

B．没有职业道德的人不会获得成功

C．职业道德是人成功的充分条件

D．缺乏职业道德的人往往也有可能获得成功

2．职业道德活动中，对客人做到（　　）是符合语言规范的具体要求的。

A．言语细致，反复介绍　　B．语速要快，不浪费客人时间

C．用尊称，不用忌语　　D．语气严肃，维护自尊

3．爱岗敬业的具体要求是（　　）。

A．看效益决定是否爱岗　　B．转变择业观念

C．提高职业技能　　D．增强把握择业的机遇意识

4．下列关于诚实守信的认识和判断正确的选项是（　　）。

A．一贯的诚实守信是不明智的行为

B．诚实守信是维持市场经济秩序的基本法则

C．是否诚实守信要视具体对象而定

D．追求利益最大化原则高于诚实守信

5．磁通（ϕ）的单位是（　　）。

A．亨/米（H/m）　B．特斯拉（T）　C．安/米（A/m）　D．韦伯（Wb）

6．市电 220V 电压是指（　　）。

A．平均值　B．最大值　C．有效值　D．瞬时值

7．流过两个串联电阻的电流均为 5A，则总电流 I =（　　）。

A．5A　　B．10A　　C．1A　　D．25A

8．电流在1s内所做的功称（　　）。

A．电功率　　B．电流　　C．电压　　D．电能

9．三极管具有电流（　　）作用。

A．转换　　B．传输　　C．减小　　D．放大

10．三相交流电是由（　　）的3个按正弦规律变化的电动势（或电压、电流）构成的电源。

A．振幅和初始角相同而频率不同

B．频率和初始角相同而振幅不同

C．振幅和频率相同而初始角不同

D．振幅、频率和初始角都相同

11．全桥组件是由4只（　　）两两相接而成的。

A．整流二极管　　B．检波二极管　　C．稳压二极管　　D．变容二极管

12．助焊剂一般由活性剂、树脂、（　　）和溶剂四部分组成。

A．乙醇类　　B．焊剂　　C．扩散剂　　D．脂类

13．误差的主要来源有理论误差、方法误差、仪器误差、环境误差和（　　）。

A．分辨能力误差　　B．电气性能误差　　C．寄生误差　　D．人为误差

14．测量电流时，要正确选用电流表量程，若被测电流大于电流表量程，则必须采取扩大量程的方法；选用的电流表内阻要（　　）被测电路的阻抗。

A．远远小于　　B．接近　　C．远远大于　　D．等于

15．（　　）按手工焊分类，通常分为钎焊、熔焊和接触焊三大类。

A．自动化焊接　　B．波峰焊　　C．锡焊　　D．焊接

16．在通用示波器中，示波管是示波器的核心，能把加到其中的电信号变换成（　　）。

A．放大信号　　B．数字信号　　C．模拟图像　　D．可视图形

17．直流稳压电源通常由电源变压器、整流电路、滤波电路和稳压电路组成，其中滤波电路的作用是将脉动的直流电压中所含有的（　　）滤除。

A．直流电压　　B．负载变动成分　　C．平滑成分　　D．纹波成分

18．在整机装配完成后，接线同样重要。线扎的制作首先要考虑使用的导线的截面应按电流大小选定，也应注意（　　）和频率。

A．导线材料　　B．工作电压　　C．工作环境　　D．工作强度

19．在指针式万用表表盘上的刻度中，（　　）挡是非均匀刻度。

A．电压　　B．电流　　C．电阻　　D．都不是

20．（　　）主要由表头、电子线路和转换开关三部分构成。

A．数字式万用表　　B．电压基本表　　C．电工仪器仪表　　D．模拟式万用表

21．在某些电子设备内有上千伏的高电压或大功率的高频辐射，因此（　　）需要有一定的安全保护措施。

A．装配人员　　B．调校人员　　C．仓库保管员　　D．资料员

22．信号发生器按调制方式不同分为调幅、调频、（　　）信号发生器。

A．脉宽调制　　B．常规调制　　C．脉冲调制　　D．特制调制

23．根据电子设备的调试特点和调试性质，调试工作可以分为（　　）。

A．左调和右调　　B．上调和下调　　C．前调和后调　　D．粗调和细调

24．所谓三极管的放大作用，其实是用输入端一个能量（　　）的信号电流，控制电源所供给的能量，在输出端获得一个较大的信号电流。

A．较大　　B．较小　　C．非常大　　D．几乎为零

25．（　　）是表面安装技术。

A．SMD　　B．SMC　　C．SMT　　D．SOT

26．在电路图中，经常在图形符号旁标注种类代号，即采用项目种类字母代码后加注（　　）的形式表示图中的具体项目。

A．罗马字母　　B．希腊字母　　C．中文数字　　D．阿拉伯数字

27．利用金属板、金属网及金属盒等（　　），把电磁场限制在一定的空间，或把电磁场强度削弱到一定数量级的措施称为屏蔽。

A．保护屏　　B．屏障　　C．导体　　D．金属体

28．三极管由 3 块半导体制成，各引出一个电极，3 个电极分别叫发射极、（　　）、集电极。

A．集极　　B．P 极　　C．基极　　D．N 极

29．从三极管的（　　）特性曲线族上可以看到，三极管有 3 种不同的工作状态。

A．输出　　B．输入　　C．转移　　D．伏安

30．命名集成电路时，它的型号中的第一部分用（　　）表示符合某国际标准。

A．文字　　B．字母　　C．参数　　D．代码

31．表面安装电阻器的（　　）必须统一。

A．尺寸　　B．质量　　C．阻值　　D．材料

32．电压、电流、电功率的测量属于（　　）。

A．电信号的测量　　B．电能量的测量

C．电路参数的测量　　D．电路准确度的测量

33．在电子设备装配中，每一个零件、每一道（　　）、每一个环节都应遵循工艺规程和规章制度，按规定的各项要求严格认真执行。

A．工作　　B．工序　　C．流程　　D．工程

34．电子测量的最大特点是测量频率范围宽、量程广、（　　）、速度快、易于实现自动化和智能化。

A．数字化　　B．视野宽　　C．精度高　　D．易读数

35．对电子设备进行保养时要注意防潮、防尘、避免日晒，暂时不用时应覆盖防尘罩放置在（　　）通风处，同时要定期通风除潮。

A．防振　　B．平稳　　C．干净　　D．干燥

36．对产品的检验应执行（　　）相结合的三级检验制。

A．自检、互检和抽检　　B．自检、全检和抽检

C．互检、全检和抽检　　D．自检、互检和专职检验

37．绝缘电线电缆俗称安装线和安装电缆。它们一般由导线的线芯、绝缘层和（　　）组成。

A．塑料层　　B．橡皮层　　C．屏蔽层　　D．保护层

38．线材分为电线和电缆。它们又细分为裸线、电磁线、（　　）和通信电缆 4 种。

A．单芯电缆　　B．多芯电缆　　C．绝缘电线电缆　　D．同轴电缆

39．绝缘材料的导电能力很差，常用玻璃、塑料、（　　）、云母等。

A．木材　　B．水　　C．陶瓷　　D．油漆

40．黑色金属及其合金细分为普通碳素钢、优秀碳素钢、（　　）、磁性材料和软磁合金等。

A．硅钢　　B．不锈钢　　C．易切削结构钢　　D．钢合金

41．利用模数转换器将被测电参量转换为（　　），并以十进制显示数字信号的一种高精度测量仪表，称为数字式仪表。

A．数字信号　　B．数字　　C．数字电压　　D．数字电流

42．普通万用表交流电压测量挡的指示值是指（　　）。

A．矩形波的最大值　　B．三角波的平均值

C．正弦波的有效值　　D．正弦波的最大值

43．几个独立的电路或系统的接地线不一定被称为零线，只能作为这些电路或系统的（　　）。

A．同等电位　　B．高电位　　C．基准电位　　D．低电位

44．印制电路板按导电图形分布可分为（　　）和多层印制电路板。

A．单层印制电路板、双层印制电路板　　B．单面印制电路板、双层印制电路板

C．单层印制电路板、双面印制电路板　　D．单面印制电路板、双面印制电路板

45．拆焊后，必须把焊盘的插线孔中焊锡清除，以便插装新的元器件引线。其方法是待锡熔化时，用一直径略小于插孔的划针（　　）即可。

A．插穿焊盘　　B．插入焊孔

C．插穿印制电路板　　D．插穿焊孔

46．钩焊是将被焊接元器件的引脚或导线等，钩接在焊接点的眼孔，并夹紧形成（　　）。

A．弧形　　B．钩形　　C．角形　　D．锥形

47．（　　）及插孔焊接时，都是将导线的末端插入圆形孔内进行焊接的。

A．导线与接线柱或插头带孔的圆形插针

B．导线与柱状接线柱或插头带孔的圆形插针

C．导线与管状接线柱或与插头带孔的圆形插针

D．导线与管状接线柱或与插头带孔的方形插针

48．焊接立式二极管时，最短引线焊接时间不能超过（　　）。

A．5s　　B．4s　　C．8s　　D．2s

49．使用变压器时，一次绕组两端的实际工作电压应（　　）额定电压。

A．高于　　B．低于　　C．不高于　　D．符合于

50．变压器的额定容量是指变压器在（　　）条件下所允许的输入功率值。

A．规定　　B．温度一定　　C．正常工作　　D．空载

51．电子工艺焊接中，若三极管需加散热器，则应使接触面（　　）。

A．垂直　　B．水平　　C．平整　　D．倾斜

52．检测变压器电压时，将变压器一次侧接上额定工作电压，然后用交流电压表或万用表的（　）对变压器的各绕组进行测量。

A．直流电压挡　　B．直流电流挡　　C．交流电流挡　　D．交流电压挡

53．色标电阻法中，四道色环中第一道色环不可能是（　　）。

A．黑　　B．红　　C．白　　D．棕

54．变压器具有传递电能、变换（　　）、变换电流和变换阻抗的特性。

A．频率　　B．功率　　C．交流　　D．电压

55．软磁材料在工程上主要用来减小磁路磁阻和增大磁通量，常用的软磁材料有电工用纯铁、电工用硅钢片、（　　）。

A．生铁　　B．铸铁　　C．不锈钢　　D．铁镍合金

56．在拆焊时，划针（通针）用于穿孔或协助电烙铁进行（　　）恢复。

A．焊点　　B．焊锡　　C．焊孔　　D．印制电路板

57．手工焊接可分为绕焊、钩焊、（　　）和插焊4类。

A．临时焊　　B．立焊　　C．搭焊　　D．直接焊

58．搭焊是将元器件的（　　）搭在焊接点上再进行焊接。

A．引脚　　B．引脚或导线　　C．引脚和导线　　D．导线

59．按照测量对象的不同，仪表可分为电流表、电压表、功率表和（　　）等。

A．万用表　　B．电阻表　　C．兆欧表　　D．欧姆表

60．按导线的粗细标准，有线号制和线径制两种表示方法。中国采用（　　）。

A．线径制　　B．线号制

C．线径制与线号制　　D．面积制

61．集成电路在焊接时，先焊（　　）的两个引脚，以使其定位，然后再从左到右、自上而下逐个焊接。

A．左边　　B．边沿　　C．右边　　D．根据情况定

62．安装接地焊片时，要及时除去安装位置的（　　），保持接地良好。

A．涂漆层和磨损层　　B．磨损层或氧化层

C．涂漆层或氧化层　　D．磨损层

63．元器件的安装有贴板安装、（　　）、悬空安装、支架固定安装等方法。

A．水平安装　　B．垂直安装　　C．倾斜安装　　D．绝缘衬垫安装

64．安装中插装二极管时，应注意引线（　　）时易使玻璃外壳爆裂。

A．过长　　B．过多　　C．弯曲　　D．过长和过多

65．自动装配和（　　）装配的过程基本相同，都是将元器件逐一插入印制电路板上。

A．流水线　　B．独立　　C．手工　　D．A和C

66．MOS集成电路在安装时主要是防止（　　）。

A．雷击损坏　　B．加热损坏　　C．静电损坏　　D．机械损坏

67．通常屏蔽有（　　）3种形式。

A．电磁屏蔽、磁屏蔽、场屏蔽　　B．静电屏蔽、噪声屏蔽、电磁屏蔽
C．电屏蔽、磁屏蔽、场屏蔽　　D．静电屏蔽、电磁屏蔽、磁屏蔽

68．产品的技术条件是产品调试的（　）依据。

A．方法　　B．质量　　C．判断　　D．工艺

69．工艺人员应按技术条件和（　）的规定编制调试工艺，具体组织和指导调试工作。

A．工艺文件　　B．工艺流程　　C．技术要求　　D．技术文件

70．根据电子设备的复杂程度可将调试工作分为单元调试和整机调试，这些调试都是为了使被调试的产品完全符合（　）规定的指标。

A．安装要求　　B．技术工艺　　C．上级标准　　D．技术文件

71．在测量高频、高压电路时，应增加固定衰减器，以防止（　）过冲。

A．电容　　B．电感　　C．信号　　D．电阻

72．由于较多调试内容已在分块调试中完成，整机调试只需检测整机技术指标是否达到原设计要求即可，若不能达到，再进行（　）。

A．整体调换　　B．重新设计　　C．适当修理　　D．适当调整

73．实现无触点开关是通过（　）。

A．电磁继电器　　B．轻触开关　　C．固态继电器　　D．振动开关

74．对产品整机进行（　），可以提前发现产品中一些潜在的故障，特别是可以发现一些带有共性的故障。

A．老化测试　　B．共性测试　　C．性能测试　　D．参数测试

75．要测量40V左右的直流电压，选用以下电表中的（　）比较合适。

A．量程为100V±2.5%　　B．量程为50V±1.0%
C．量程为30V、0.5级　　D．量程为50V、0.5级

76．游标卡尺的测量范围很广，可以测量外径、孔径、长度、（　）及沟槽宽度等。

A．内径　　B．孔壁　　C．厚度　　D．深度

77．用螺钉、螺柱紧固时，螺尾外露长度一般不得少于（　）扣。

A．10　　B．1　　C．3　　D．5

78．线扎中导线端头应（　）。

A．增加绝缘处理　　B．交叉排列　　C．尽量紧密　　D．打印标记

79．线扎结与结之间的间距应均匀，一般取线径的（　）。

A．2～3倍　　B．1～2倍　　C．3～4倍　　D．2倍

80．线扎的结扣应打在（　）。

A．任意位置　　B．线束下面　　C．线束上方　　D．线束中间

得分	
评分人	

二、判断题（第81题至第100题。将判断结果填入括号中，正确的填“√”，错误的填“×”。每题1分，满分20分）

81．（　）市场经济条件下，应该树立多转行多学知识多长本领的择业观念。

82．（　）事业成功的人往往具有较高的职业道德。

83.（　　）线扎打结时不应倾斜，也不能呈椭圆形，以防松散。

84.（　　）三视图中，由后向前投影所得的视图称主视图。

85.（　　）在焊接工艺中，被焊金属材料表面要清洁且具有良好的可焊性；要正确使用焊料和助焊剂，时间越长，则效果越好。

86.（　　）焊料的种类很多，按其熔点可分为软焊料和硬焊料。

87.（　　）根据误差性质的不同，测量误差一般分为系统误差、随机误差和仪器误差3类。

88.（　　）在电子设备装配中，产品图样是在设计、试制、鉴定和生产各阶段的主要依据，对不形成批量的产品可按具体情况而定。

89.（　　）自攻螺钉不能作为经常拆卸或承受较大扭力的连接。

90.（　　）工艺文件的主要格式有封面、工艺路线表、工艺文件卡片目录，职工资料一览表等9种。

91.（　　）设计文件更改后，不得降低产品质量，这是设计文件更改的原则之一。

92.（　　）常用的长度计量量具有钢卷尺、游标量尺、千分尺等，常用计量单位是mm。

93.（　　）元器件的安装高度要尽量低，一般元器件和引线离开板面不超过5mm。过高则承受振动和冲击的稳定性变差，容易倒伏或与相邻元器件碰接。

94.（　　）平面相对于投影面有倾斜、平行、垂直3种位置，同时也使其投影具有收缩性、真实性和积聚性。

95.（　　）为了保证三极管的电流放大，一方面要满足内部条件即基区搀杂少厚度小，另一方面要满足外部条件即发射结正向偏置、集电结反向偏置。

96.（　　）电烙铁是手工焊接的基本工具，它的种类有外热式、内热式、恒温式和调温式等。

97.（　　）为保证安装质量，在流水作业的流水线上，上道工序和下道工序之间要自检、互检。

98.（　　）功率是电子设备装接工应掌握的基本常用电量之一，它用符号 P 表示；单位是瓦特，用J表示。

99.（　　）导电金属是指专门用于传导电流的金属材料，它具有电导率高、力学强度高、不易氧化、耐腐蚀、容易加工和焊接等特性。最常用的导电金属是铜和铝。

100.（　　）印制电路板焊前准备时，没必要做好装配前元器件引脚成形。

电子设备装接工中级理论知识测试样卷参考答案

一、单项选择题

1. A	2. C	3. C	4. B	5. D
6. C	7. A	8. A	9. D	10. C
11. A	12. C	13. D	14. A	15. D
16. D	17. D	18. B	19. C	20. D
21. B	22. C	23. D	24. B	25. C

26. D	27. D	28. C	29. A	30. B
31. A	32. B	33. B	34. C	35. D
36. D	37. D	38. C	39. C	40. C
41. A	42. C	43. C	44. D	45. D
46. B	47. C	48. D	49. D	50. C
51. C	52. D	53. A	54. D	55. D
56. C	57. C	58. B	59. D	60. A
61. B	62. C	63. B	64. C	65. C
66. C	67. D	68. D	69. C	70. D
71. C	72. D	73. C	74. A	75. D
76. D	77. C	78. D	79. A	80. B

二、判断题

81. ×	82. √	83. √	84. ×	85. ×
86. ×	87. ×	88. √	89. √	90. √
91. √	92. √	93. √	94. √	95. √
96. √	97. √	98. ×	99. √	100. ×

职业技能鉴定国家题库

电子设备装接工中级操作技能考核样卷

注 意 事 项

1．本试卷依据2007年颁布的《电子设备装接工 国家职业标准》命制。
2．本试卷试题如无特别注明，则为全国通用。
3．请考生仔细阅读试题的具体考核要求，并按要求完成操作。
4．操作技能考核时要遵守考场纪律，服从考场管理人员指挥，以保证考核安全顺利进行。
5．考试完成时间：230分钟。

第一题 制作线扎（10分，考核时间35分钟）

1．正确选用工具。
2．合理剪裁导线，剥头长度要适当，多股导线应捻头、浸锡。
3．按照线扎图（如下图所示）正确制作线扎。
4．安全用电，执行文明生产规定。

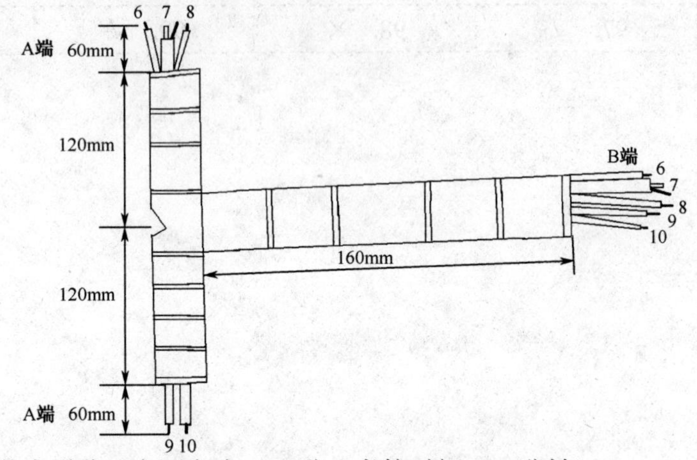

第二题 安装串联稳压电源电路（65分，考核时间150分钟）

电路原理图如下图所示。

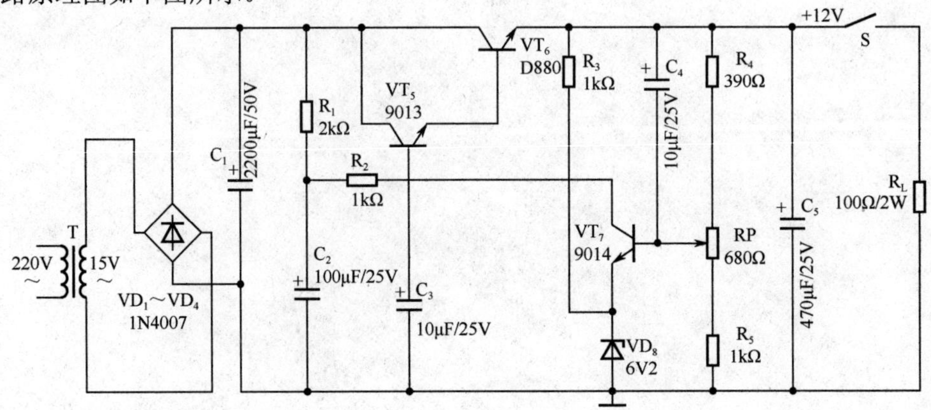

1．备齐装配此功能单元所需要的工具。

2．正确进行元器件的插装。

3．正确焊接印制电路板。

4．正确进行无锡连接及部件的装配。

5．安全用电，检查防静电措施，执行文明生产规定。

第三题 检测已装串联稳压电源电路的功能（10 分，考核时间 15 分钟）

1．备齐工具、焊料、助焊剂等。

2．在装接完成后，合上开光 S，调整 RP 电位器，使 R_L 两端电压为 12V。

3．正确操作仪器仪表。

4．准确定位压接、螺接、铆接的不足，并进行修正。

5．完成元器件、导线等的检查及修正。

6．安全用电，检查防静电措施，执行文明生产规定。

第四题 编制装配工艺（15 分，考核时间 30 分钟）

1．准确分析待装单元。

2．正确安排安装步骤。

3．正确绘制装配工艺流程图。

职业技能鉴定国家题库

电子设备装接工中级操作技能考核准备通知单（考场）

一、考场准备

1．考场环境：光线充足、环境整洁、无干扰，无腐蚀气体、液体污染。
2．考场面积：每名考生不少于 0.8 平方米，测试场地不少于 1.5 平方米。
3．安全供电：相应的电源供应，防静电、防火。

二、导线数据表

编　号	规　格	长度（mm）	剥头长度（mm）		数　量
			A 端	B 端	
1	BV1×12/0.5 红	290	4	4	1
2	BV1×12/0.5 蓝	310	4	4	1
3	BV1×12/0.5 紫	320	4	4	1
4	BV1×12/0.5 黑	320	4	4	1
5	BV1×12/0.5 黄	330	4	4	1
6	BV1×12/0.15 蓝	400	4	4	1
7	BV1×12/0.18 黑，同轴电缆	420	4	4	1
8	BV1×12/0.15 红	440	4	4	1
9	BV1×12/0.15 紫	480	4	4	1
10	BV1×12/0.15 黄	460	4	4	1

三、材料清单表

序　号	名　称	型　号	数　量	备　注
1	电阻器	2kΩ	1	
2	电阻器	1kΩ	3	
3	电阻器	390Ω	1	
4	电阻器	100Ω/2W	1	
5	可调电位器	680Ω	1	
6	电解电容器	2200μF/50V	1	
7	电解电容器	100μF/25V	1	
8	电解电容器	10μF/25V	2	
9	电解电容器	470μF/25V	1	
10	二极管	1N4007	4	
11	三极管	VT9013	1	
12	三极管	D880	1	

续表

序　号	名　称	型　号	数　量	备　注
13	三极管	VT9014	1	
14	稳压二极管	6V2	1	
15	单刀单掷开关		1	
16	电源变压器	220V/15V	1	
17	铝型散热片		1	
18	万能印制电路板		1	
19	连接导线		若干	
20	焊料、助焊剂		若干	
21	绝缘胶布		若干	
22	贴片元器件	电阻、电容等	若干	100左右

职业技能鉴定国家题库

电子设备装接工中级操作技能考核评分记录表

第一题 制作线扎（10分）

序　号	考核内容	考核标准	评分标准	配　分	得　分
1	工具准备	能正确选用工具	工具选用不合理扣1分	1	
2	对导线预处理	能够合理剪裁导线，剥头长度要适当，多股导线应捻头、浸锡	剪裁长度不合理、剥头长度不合理、浸锡不符合规范各扣1分	3	
3	制作线扎	能正确制作线扎，线段标记齐全，排线规范，扎线方法正确	线段标记不全扣1分 排线不符合规范扣1分 扎线方法不正确扣2分	5	
4	其他	执行文明生产规定	工件、工具等码放不整齐、不规范或工作场地不清洁卫生各扣1分		
5	时间定额	35分钟	每超时1分钟扣1分	1	
备注			合计	10	
			考评员签字：	日期：	

第二题 装接电路（65分）

序　号	考核内容	考核标准	评分标准	配　分	得　分
1	电工工具的准备	能根据实际需求备齐工具	每漏掉一件扣1分	2	
2	焊接工具的选用	能够正确选用焊接工具	选用不恰当扣1分 选错工具此项不得分	3	
3	元器件插装	能正确加工元器件引脚 元器件插装方向应符合规范 能正确完成元器件的插装	元器件引脚成形不合规范每处扣1分 元器件插装方向不正确每处扣1分 将具有极性的元器件插装错误每处扣3分 造成元器件损坏的扣3分	15	
4	印制电路板焊接	能正确完成印制电路板的手工焊接 能正确操作自动化焊接设备	焊接姿势不正确扣1分 电烙铁使用不合理扣1分 焊点质量不符合要求每处扣1分 焊料及助焊剂使用不合理扣1分 自动化焊接设备操作不当扣2分 焊接中造成焊盘脱落或元器件、设备损坏的此项不得分	25	
5	装配	能正确完成部件的装配	不能正确安装散热器每处扣1分 紧固件装配不当扣1分 面板或外壳装配不当、螺钉不合适每项扣1分 装配中造成部件损坏的此项不得分	15	

续表

序　号	考核内容	考核标准	评分标准	配　分	得　分
6	其他	执行文明生产规定	工件、电源插板、工具等码放不整齐、不规范或工作场地不清洁卫生各扣1分		
7	时间定额	150分钟	每超时1分钟扣1分，超时30分钟以上此次考试无效	5	
备注			合计	65	
			考评员签字：	日期：	

第三题　检测电路（10分）

序　号	考核内容	考核标准	评分标准	配　分	得　分
1	检查准备	工具、仪器仪表的准备	工具、仪器仪表选用不合理扣1分	2	
2	压接、螺接、铆接的检查	能够准确定位压接、螺接、铆接的不足，并进行修正	漏检、错检每处扣1分 修正后不合格每处扣1分	3	
3	元器件的插装检查	能完成元器件、导线等的检查及修正	漏检、错检每处扣1分 修正措施不合格扣1分 修正中损坏元器件的此项不得分	4	
4	其他	检查防静电措施、执行文明生产规定	工件、电源插板、工具等码放不整齐、不规范或工作场地不清洁卫生各扣1分 不符合用电安全的扣5分		
5	时间定额	15分钟	每超时1分钟扣1分	1	
备注			合计	10	
			考评员签字：	日期：	

第四题　编制装配工艺（15分）

序　号	考核内容	考核标准	评分标准	配　分	得　分
1	准备	能准确分析待装单元	不能确定功能单元组成扣1分	3	
2	确定安装步骤	能够正确安排安装步骤	安装步骤不合理每处扣1分	5	
3	绘制装配工艺流程图	能正确绘制装配工艺流程图	结构不合理每项扣1分 严重顺序错误此项不得分	6	
4	其他	执行文明生产规定	样张等码放不整齐、不规范或工作场地不清洁卫生各扣1分		
5	时间定额	30分钟	每超时1分钟扣1分	1	
备注			合计	15	
			考评员签字：	日期：	

评分人：　　　年　月　日　　　　　　　核分人：　　　年　月　日

附　录　D

常用电子仪表的使用

一、万用表

万用表亦称为多用表、三用表、复用表，是电子技术工作者最常用的测量仪表。万用表的使用范围很广，它可以测量电阻、电流和电压等参数，在电子、电气产品的维修中是不可缺少的测量工具。它的结构简单，使用也很方便。

根据结构和显示方式的不同，万用表可分为指针式万用表和数字式万用表。

（一）指针式万用表

指针式万用表又称为模拟式万用表，可用于测量直流电流、直流电压、交流电压、电阻、晶体管电流放大系数等电路参数。

1．面板操作键作用说明

指针式万用表面板操作键示意图如图 f.1 所示，其作用说明如下。

1—刻度盘；2—指针；3—机械调零旋钮；4—电阻挡调零旋钮；5—功能与量程转换开关；6—2500V 插孔；7—5A 插孔；8—晶体管测试座；9—量程刻度；10—红表笔插孔；11—黑表笔插孔。

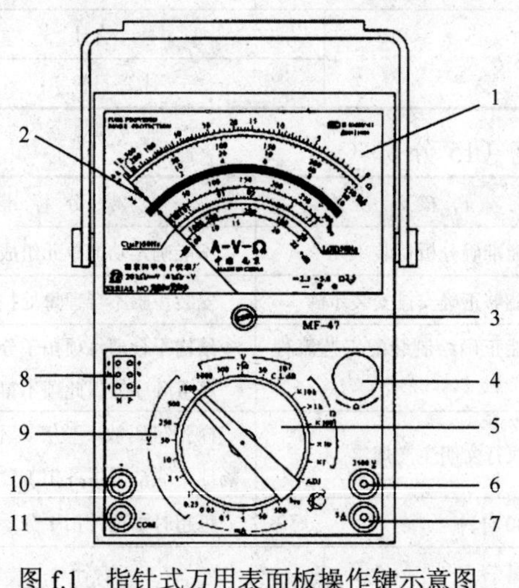

图 f.1　指针式万用表面板操作键示意图

2．基本操作方法

（1）直流电流的测量

在测量电路的电流时，电流表必须与电路串联。如果不知道被测电流的正、负极和大约数值，应先将转换开关旋至直流电流挡最高量程挡，然后将一支表笔接在串入部分的一端，再将另一支表笔在串入部分的另一端触一下，以试验极性；极性相符合后可观察电流的大约数值，并据此选定合适的量程挡实施测量。

（2）直流电压的测量

在测量直流电压时，必须将电压表的表笔并接在被测电压的两端，即采用并联接法。如果不知道被测电压的正、负极性和大约数值，应先将转换开关旋至直流电压挡最高量程挡，然后将一支表笔接在被测部分的一端，再将另一支表笔在被测部分的另一端触一下，以试验极性；极性相符合后可观察电压的大约数值，并据此选定合适的量程挡量出电压值。

（3）交流电压的测量

测量交流电压的方法与测量直流电压相似，但有如下区别。

① 交流电源的内阻较小，因而对万用表的交流电压灵敏度要求不高。

② 刻度盘上的刻度尺指的是交流电的有效值，经过整流器整流后得到的脉动直流电是反映它的平均值，万用表依据这些条件计算和设计出交流电压挡。如果被测出的电压波形失真或不是正弦波，则测量误差就会增大。

③ 被测出的交流电压频率范围限于45Hz～1000Hz，频率超出此范围会使测量误差增大。

（4）电阻的测量

① 将转换开关旋至电阻挡适当量程挡，短路两支表笔，则指针向0Ω方向偏转；调节电阻挡调零旋钮，使指针恰好指示在0Ω时，立即将两支表笔分开。

② 测量电路中的电阻时，应先将电源断开，电路中有电容器时应先放电。否则，等于用电阻挡去测量电阻两端的电压降，会使电表损坏。

③ 在不能确定电路中被测电阻是否有并联电阻存在时，应先把电阻的一脚拆下，然后再测量。

④ 实施测量时，应注意测量者的两手不应同时触及电阻（或表笔金属部分）的两端，以免将人体电阻和被测电阻并联，使测量结果变小。

⑤ 量程每转换一次，都必须调节电阻挡调零旋钮，使指针指向0Ω。

⑥ 为了提高测量准确度，选择电阻挡量程挡时，应使指针尽可能靠近刻度盘中心阻值，这样读数较清楚。

注意：在使用模拟式万用表测量之前，应检查电表在水平放置时其指针是否指在零位。若偏离零位，则应调整位于仪表表面中央的胶木螺丝（机械调零旋钮），使指针指在零位。

（二）数字式万用表

数字式万用表简称数字万用表，可用于测量交、直流电流，交、直流电压，电阻等电路参数。数字万用表具有可直接从显示屏上读出被测量数据的优点，但有时测量的数据稳定性不高，难以读出稳定、准确的数据。

1．面板操作键作用说明

数字式万用表面板操作键示意图如图f.2所示，其作用说明如下。

1—液晶显示屏；2—报警指示灯；3—三极管测试座；4—量程刻度；5—“+”极插孔；6—公共地；7—功能与量程转换开关；8—20A插孔；9—小于200mA电流测试座。

2．基本操作方法

（1）交、直流电压的测量

① 将红表笔插入“VΩ”插孔，黑表笔插入“COM”插孔。

② 将功能与量程转换开关置于“V-”或“V～”电压测量挡，并将表笔并联到待测电源或负载上。

③ 从显示屏上直接读取被测电压值。交流测量显示值为正弦波有效值（平均值响应）。

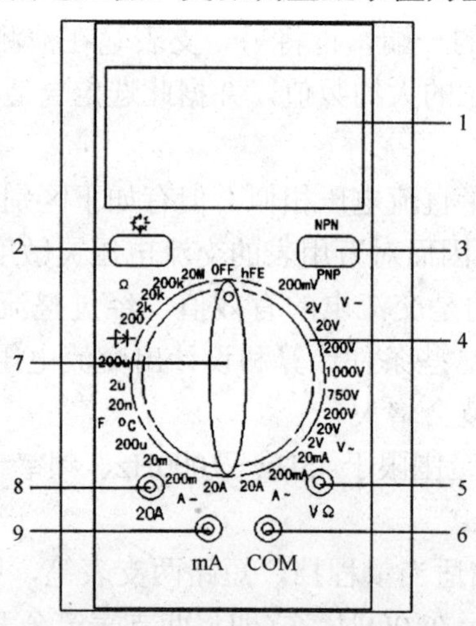

图 f.2 数字式万用表面板操作键示意图

④ 仪表的输入阻抗均约为 10MΩ，这种负载在高阻抗的电路中会引起测量上的误差。大部分情况下，如果电路阻抗在 10kΩ以下，则误差可以忽略（0.1%或更低）。

（2）交、直流电流的测量

① 将红表笔插入“mA”或“20A”插孔，黑表笔插入“COM”插孔。

② 将功能与量程转换开关置于“A-”或“A～”电流测量挡，并将表笔串联到待测回路中。

③ 从显示屏上直接读取被测电流值。交流测量显示值为正弦波有效值（平均值响应）。

（3）电阻的测量

① 将红表笔插入“VΩ”插孔，黑表笔插入“COM”插孔。

② 将功能与量程转换开关置于“Ω”电阻测量挡，并将表笔并联到被测电阻上。

③ 从显示屏上直接读取被测电阻值。

（4）电容的测量

① 将转接插座插入“VΩ”和“mA”两个插孔。

② 所有的电容器在测量前必须全部放尽残余电荷。

③ 大于 10μF 容值测量时，会需要较长的时间，属正常。

④ 不要输入高于直流 60V 或交流 30V 的电压，避免伤害人身安全。

⑤ 在完成所有的测量操作后，取下转接插座。

（5）三极管 h_{FE} 的测量

① 将转接插座插入“VΩ”和“mA”两个插孔。

② 将功能与量程转换开关置于“hFE”挡，然后将被测 NPN 型或 PNP 型三极管插入转接

插座对应孔位。

③ 从显示屏上直接读取被测三极管 h_{FE} 近似值。

二、直流稳压电源

直流稳压电源具有稳压、稳流，双路具有跟踪功能，串联跟踪可产生 64V 电压，纹波小，输出调节分辨率高的特点。

1．面板操作键作用说明

直流稳压电源面板操作键示意图如图 f.3 所示，其作用说明如下。

1—电源开关（POWER）；2—电压调节旋钮（VOLTAGE）；3—恒压指示灯（C.V）；4—显示窗口；5—电流调节旋钮（CURRENT）；6—恒流指示灯（C.C）；7—输出端口；8—跟踪开关（TRACK）；9—电压调节旋钮（VOLTAGE）；10—恒压指示灯（C.V）；11—电流调节旋钮（CURRENT）；12—恒流指示灯（C.C）；13—显示窗口；14—输出端口；15—主路电压/电流开关（V/I）；16—从路电压/电流开关（V/I）；17—固定 5V 输出端口。

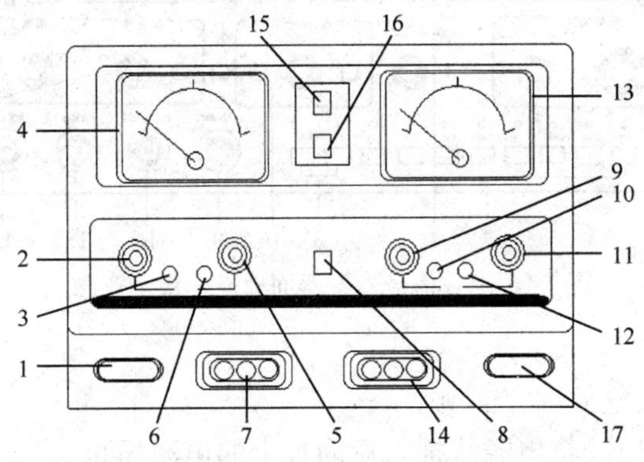

图 f.3　直流稳压电源面板操作键示意图

2．基本操作方法

（1）打开电源开关

① 先检查输入的电压，将电源线插入后面板上的交流插孔。

② 设定各个操作键：电源开关弹出，电压调节旋钮调至中间位置，电流调节旋钮调至中间位置，电压/电流开关置弹出位置，跟踪开关置弹出位置，“－”端接 GND。

③ 所有操作键设定后，打开电源。

（2）一般检查

① 调节电压调节旋钮，显示窗口显示的电压值应相应变化。顺时针调节，电压由小变大，逆时针调节，电压由大变小。

② 输出端口应有输出。

③ 电压/电流开关按入，显示窗口指示值应为零，当输出端口接上响应的负载，显示窗口应有指示。顺时针调节电流调节旋钮，电流由小变大，逆时针调节，电流由大变小。

④ 跟踪开关按入，主路负端接地，从路正端接地，此时调节主路电压调节旋钮，从路的显示窗口显示应同主路相一致。

⑤ 固定 5V 输出端口应有 5V 输出。

三、函数信号发生器

函数信号发生器用来产生正弦波、三角波和方波等多种波形。

1．面板操作键作用说明

函数信号发生器面板操作键示意图如图 f.4 所示，其作用说明如下。

1—电源开关；2—LED 显示窗口；3—频率调节旋钮；4—占空比；5—波形选择开关；6—衰减开关；7—频率范围选择开关；8—计数/复位键；9—计数/频率端口；10—外测频开关；11—电平调节；12—幅度调节旋钮；13—电压输出端口；14—TTL/CMOS 输出端口；15—功率输出端口；16—扫描；17—电压输出指示；18—功率按键。

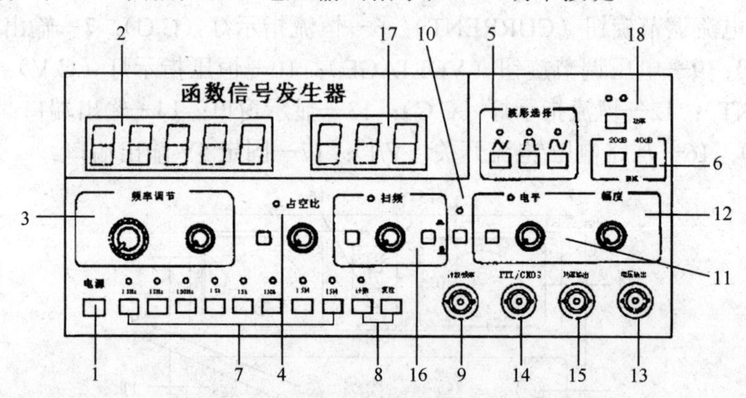

图 f.4　函数信号发生器面板操作键示意图

2．基本操作方法

（1）打开电源开关

① 先检查输入的电压，将电源线插入后面板上的电源插孔。

② 设定各个操作键：将电源开关、衰减开关、外测频开关、电平开关、扫描开关、占空比开关全部弹出。

③ 所有的操作键设定后，打开电源。函数信号发生器默认 10k 挡正弦波，LED 显示窗口显示本机输出信号的频率。

（2）输出

将电压输出信号由电压输出端口通过连接线送入示波器 Y 轴输入端口。

（3）三角波、方波、正弦波的产生

将波形选择开关分别按三角波、方波、正弦波，此时示波器屏幕上将分别显示三角波、方波、正弦波；旋转频率调节旋钮，示波器显示的波形及 LED 显示窗口显示的频率将发生明显变化；将幅度调节旋钮顺时针旋转至最大，示波器显示的波形幅度将$\geqslant 20V_{\text{p-p}}$；将电平开关按入，顺时针旋转电平调节旋钮至最大，示波器波形向上移动，逆时针旋转，示波器波形向下移动，最大变化量在±10V 以上。注意：信号超过±10V 或±5V（50Ω）时被限幅；按入衰减开关，输出波形将被衰减。

（4）计数、复位

按入复位键，LED 显示窗口显示全为 0；按入计数键，计数/频率端口输入信号时，LED 显示窗口显示开始计数。

（5）斜波产生

将波形选择开关按三角波；占空比开关按入，指示灯亮；调节占空比旋钮，三角波将变成斜波。

（6）外测频率

按入外测频开关，外测频指示灯亮；外测信号由计数/频率端口输入；选择适当的频率范围，由高量程向低量程选择合适的有效数，确保测量精度（注意：当有溢出指示时，请提高一挡量程）。

（7）TTL 输出

TTL/CMOS 输出端口接示波器 Y 轴输入端口（DC 输入），示波器将显示方波或脉冲波，该输出端可作为 TTL/CMOS 数字电路实验时钟信号源。

（8）扫描

按入扫描开关，此时电压输出端口输出的信号为扫描信号；对于线性/对数开关，在扫描状态下弹出时为线性扫描，按入时为对数扫描；调节扫频旋钮可改变扫描速率，顺时针调节，增大扫描速率，逆时针调节，减小扫描速率。

四、双踪示波器

双踪示波器用来观察和测量高低频或脉冲波形。

1．面板操作键作用说明

双踪示波器面板操作键示意图如图 f.5 所示，其作用说明如下。

1—电源开关（POWER）；2—辉度旋钮（INTENSITY）；3—聚焦旋钮（FOCUS）；4—光迹旋转（TRACE ROTATION）；5—探头校准信号（PROBE ADJST）；6—耦合方式开关（AC GND DC）；7—通道 1 输入插座；8—通道 1 灵敏度选择开关（VOLTS/DIV）；9—微调旋钮（VARIABLE）；10—垂直位移旋钮（POSITION）；11—垂直方式开关（MODE）；12—耦合方式开关（AC GND DC）；13—通道 2 输入插座；14—垂直位移旋钮（POSITION）；15—通道 2 灵敏度选择开关（VOLTS/DIV）；16—微调旋钮；17—水平位移旋钮（POSITION）；18—极性开关（SLOPE）；19—电平旋钮（LEVEL）；20—扫描方式开关（SWEEP MODE）；21—触发指示（TRIG'D READY）；22—扫描扩展指示；23—×5 扩展开关；24—数字显示；25—微调旋钮；26—慢扫描开关；27—触发源选择开关；28—AC/DC 外触发信号的耦合方式开关；29—外触发输入插座（EXT INPUT）；30—接地柱⊥。

2．基本操作方法

（1）安全检查

① 使用前注意先检查电源开关是否与市电源相符合。

② 工作环境和电源电压应满足技术指标中给定的要求。

③ 初次使用本机或久藏后再用，建议先放置通风干燥处几小时后通电 1～2 小时再使用。

④ 使用时不要将本机的散热孔堵塞，长时间连续使用要注意本机的通风情况是否良好，防止机内温度升高而影响本机的使用寿命。

（2）仪器工作状态的检查

初次使用本机可按下述方法检查本机的一般工作状态是否正常。

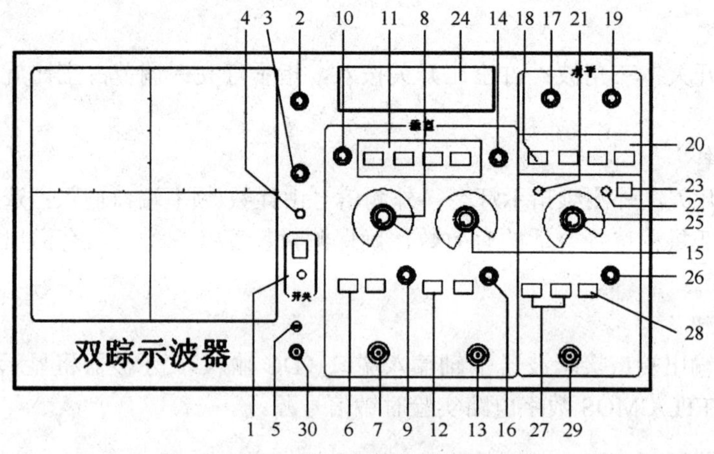

图 f.5　双踪示波器面板操作键示意图

① 主机的检查。打开电源开关，先检查输入的电压，将电源线插入后面板上的交流插孔。设定各个操作键：辉度旋钮置居中，聚焦旋钮置居中，位移旋钮（3 个）置居中，垂直方式开关置 CH1，灵敏度选择开关置 0.1V，微调旋钮（3 个）顺时针旋足，耦合方式开关置 DC，扫描方式开关置自动，极性开关置上升沿，扫描速率开关（SEC/DIV）置 0.5ms，触发源选择开关置 CH1，AC/DC 外触发信号的耦合方式开关置 AC 常态。接通电源，电源指示灯亮。稍等预热，屏幕中出现光迹，分别调节辉度旋钮和聚焦旋钮，使光迹的亮度适中、清晰。

通过连接电缆将本机探头校准信号输入至 CH1 通道，调节电平旋钮使波形稳定，分别调节 Y 轴和 X 轴位移，使波形与图 f.6 相吻合，用同样的方法检查 CH2 通道。

② 探头的检查。探头分别接入两个 Y 轴输入接口，将灵敏度选择开关调至 10mV，探头衰减置×10 挡，屏幕中应同样显示如图 f.6 所示的波形，若波形有过冲或下塌现象，则可用高频旋具调节探头补偿元件，如图 f.7 所示，使波形最佳。

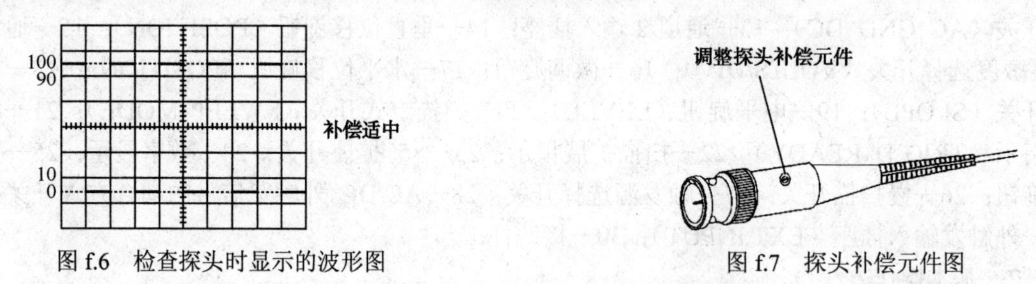

图 f.6　检查探头时显示的波形图　　　　图 f.7　探头补偿元件图

做完以上工作，证明本机工作状态基本正常，可以进行测量。

（3）测量

① 电压的测量。在测量时一般把灵敏度选择开关的微调装置以顺时针方向旋至满度的校准位置，这样可以按灵敏度选择开关的指示值直接计算被测信号的电压幅值。

由于被测信号一般都含有交流和直流两种成分，因此在测量时应根据下述方法操作。

a．交流电压的测量：当只需测量被测信号的交流成分时，应将 Y 轴耦合方式开关置 AC，调节灵敏度选择开关，使波形在屏幕中的显示幅度适中，调节电平旋钮使波形稳定，分别调节 Y 轴和 X 轴位移，使波形显示值方便读取，如图 f.8 所示。根据灵敏度选择开关的指示值和波形在垂直方向显示的坐标（DIV），按下式读取。

$$V_{p-p} = \text{VOLTS/DIV指示值} \times H(\text{DIV}) \qquad V_{有效值} = V_{p-p}/(2\sqrt{2})$$

如果使用的探头衰减置×10 挡，应将该值乘以 10。

b．直流电压的测量：当需测量被测信号的直流或含直流成分的电压时，应将 Y 轴耦合方式开关置 GND，调节 Y 轴位移使扫描基线在一个合适的位置上，再将耦合方式开关转换到 DC，调节电平旋钮使波形同步。根据波形偏移原扫描基线的垂直距离，用上述方法读取该信号的各个电压值，如图 f.9 所示。

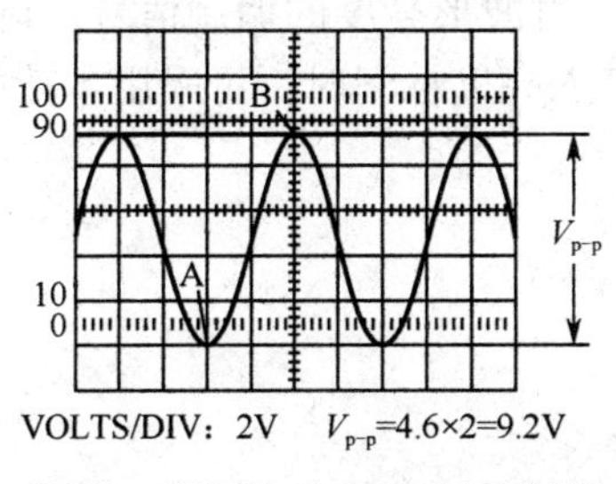

图 f.8　测量交流电压的波形图

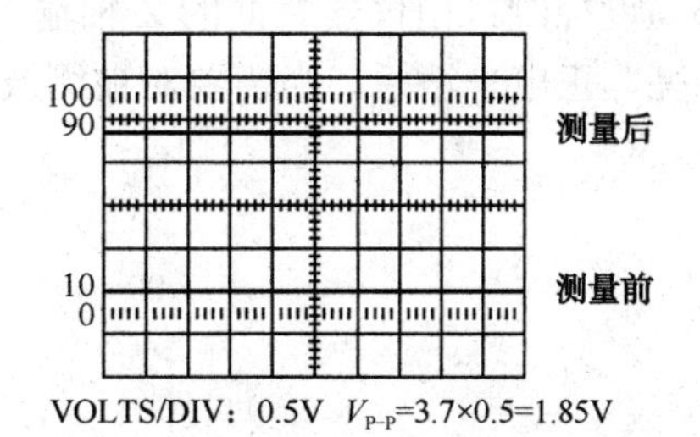

图 f.9　测量直流电压的波形图

② 时间的测量。对某信号的周期时间或该信号任意两点间时间间隔的测量，可首先按上述操作方法，使波形获得稳定同步后，根据该信号周期或需测量的两点间在水平方向的距离乘以扫描速率开关的指示值获得。当需要观察该信号的某一细节（如快跳变信号的上升或下降时间）时，可将×5 扩展开关按入，使显示的距离在水平方向得到 5 倍的扩展，调节 X 轴位移，使波形处于方便观察的位置，此时测得的时间值应除以 5。

测量出两点间的水平距离，按下式计算出时间间隔。

时间间隔（s）=两点间的水平距离（格）×扫描时间系数（时间/格）/水平扩展系数

③ 频率的测量。对于重复信号的频率测量，可先测出该信号的周期，再根据公式

$$f(\text{Hz}) = 1/T(\text{s})$$

计算出频率值。若被测信号的频率较高，即使将扫描速率开关已调至最快挡，屏幕中显示的波形仍然较密，为了提高测量精度，则可根据 X 轴方向 10 格（DIV）内显示的周期数用下式计算。

$$f(\text{Hz}) = N(\text{周期数})/(\text{SEC/DIV指示值} \times 10)$$

④ 相位差的测量。根据两个相关信号的频率，选择合适的扫描速率，并将垂直方式开关根据扫描速率的快慢分别置交替或断续，将触发源选择开关置被设定作为测量基准的通道，调节电平旋钮使波形稳定同步，根据两个波形在水平方向某两点间的距离，用下式计算出时间差。

时间差=水平距离（格）×扫描时间系数（时间/格）/水平扩展系数

若测量两个相关信号的相位差，则可在用上述方法获得稳定显示后，调节两个通道的灵敏度选择开关和微调，使两个通道显示的幅度相等。调节微调旋钮，使被测信号的周期在屏幕中显示的水平距离为几个整数据，得到每格的相位角=360°/一个周期的水平距离（DIV），再根据另一个通道信号超前或滞后的水平距离乘以每格的相位角，得出两个相关信号的相位差。

当需要同时测量两个不相关信号时，应将垂直方式开关置 ALT，并将触发源选择开关的 CH1、CH2 两个按键同时按入，调节电平可使波形获得同步。

（4）X-Y 方式的应用和操作

在某些特殊场合，X 轴的光迹偏转需由外来信号控制，或需要 X 轴也作为被测信号的输入通道。例如，外接扫描信号、李沙育图形的观察或作为其他设备的显示装置等，都需要用到该方式。

X-Y 方式的操作：将扫描速率开关逆时针方向旋足至 X-Y，由 CH1 OR X 端口输入 X 轴信号，其偏转灵敏度仍按该通道的灵敏度选择开关指示值读取。

外部亮度控制：由仪器背面的 Z 轴输入插座可输入对波形亮度的调制信号，调制极性为负电平加亮，正电平消稳。当需要对被测波形的某段打入亮度标记时，可采用本功能获得。